掺聚合氯化铝净水剂废渣水泥砂浆及3D打印混凝土性能研究

刘 波 徐 平 杨伟涛
侯振国 郑满奎 范开均 著

中国矿业大学出版社
·徐州·

内 容 提 要

本书使用的PAC废渣经无害化处理，采用粉磨和高温热活化等手段制备PAC废渣粉，系统地研究了其物理化学性能指标，并将其作为掺合料制备砂浆。基于水泥和浆体两种砂浆制备方法，研究了PAC废渣对砂浆力学性能的影响规律，提出PAC废渣作为掺合料的合理建议，为PAC废渣在水泥砂浆中的应用提供参考。同时，研究3D打印PAC废渣砂浆的力学性能，探讨了3D打印PAC废渣砂浆的可行性，为PAC废渣等工业固废和数字化技术的结合提供了可能性。

图书在版编目(CIP)数据

掺聚合氯化铝净水剂废渣水泥砂浆及3D打印混凝土性能研究 / 刘波等著. —徐州 ：中国矿业大学出版社，2023.8

ISBN 978-7-5646-5914-1

Ⅰ.①掺… Ⅱ.①刘… Ⅲ.①氯化铝—水泥砂浆—研究 Ⅳ.①TQ177.6

中国国家版本馆CIP数据核字(2023)第149332号

书　　名　掺聚合氯化铝净水剂废渣水泥砂浆及3D打印混凝土性能研究
著　　者　刘　波　徐　平　杨伟涛　侯振国　郑满奎　范开均
责任编辑　杨　洋
出版发行　中国矿业大学出版社有限责任公司
（江苏省徐州市解放南路　邮编221008）
营销热线　(0516)83885370　83884103
出版服务　(0516)83995789　83884920
网　　址　http://www.cumtp.com　**E-mail**:cumtpvip@cumtp.com
印　　刷　苏州市古得堡数码印刷有限公司
开　　本　787 mm×1092 mm　1/16　**印张** 8　**字数** 148千字
版次印次　2023年8月第1版　2023年8月第1次印刷
定　　价　48.00元

前　言

随着我国工业化进程的快速推进，大量工业废渣不断产生，工业废渣的储存和排放给社会生产和环境治理带来巨大压力。近期，我国通过了修订的《中华人民共和国固体废物污染环境防治法》，并发布了《关于“十四五”大宗固体废弃物综合利用的指导意见》，要求加大对工业固废排放的治理，倡导对工业固废的资源化利用，推进生态文明建设和生态保护。

聚合氯化铝（poly aluminum chloride，PAC）是水处理中的高效絮凝剂，具有吸附活性高、适应 pH 值范围宽、不需要助凝剂和不受水温影响等优点，是一种性能良好的净水剂。聚合氯化铝净水剂在生产过程中将产生大量酸性、黏稠状的工业废渣。目前该类废渣多以填埋为主，造成了环境污染，也制约了聚合氯化铝净水剂行业的发展。经过除酸处理后的 PAC 净水剂废渣的主要化学成分为 SiO_2、Al_2O_3、CaO 等，具有一定的潜在活性。若将其作为掺合料并开发成建筑材料使用，将有效规模消纳解决 PAC 废渣对环境的污染，具有显著的经济效益和社会效益。

本书以经除酸、除氯处理后的 PAC 净水剂废渣为研究对象，分析粉磨或煅烧后的 PAC 净水剂废渣的活性，将废渣作为掺合料来制备水泥砂浆及 3D 打印混凝土，系统研究了 PAC 废渣粉对砂浆和 3D 打印混凝土强度和性能的影响规律，为氯化铝净水剂废渣的资源化利用提供了新的思路。本书的主要研究内容包括：(1) 聚合氯化铝废渣物性分析；(2) 聚合氯化铝废渣活性研究；(3) PAC 废渣掺量对水泥胶砂强度的影响规律；(4) 外掺 PAC 净水剂废渣对水泥砂浆性能的影响机理;(5) 3D打印PAC废渣混凝土性能试验研究。

衷心感谢河南理工大学丁亚红教授、张向冈副教授、龚健副教授等在室内试验及理论分析方面给予的指导;衷心感谢何海英教授级高级工程师、侯志峰高级工程师的支持和帮助;感谢研究生韩冬、石锐、郭书奇、崔宇豪、杨恒、仝进、张之伟等在试验研究方面的辛苦付出。同时,感谢本书引用文献的作者所做的研究工作。

本书的出版得到了河南省科技攻关项目“聚合氯化铝(PAC)废渣混凝土制备关键技术及性能研究(202102310253)”,以及中国建筑第七工程局有限公司科技项目“建筑及工业再生混凝土材料设计理论与绿色建造关键技术(CSCEC7B-2021-Z-22)”的资助,在此表示感谢。

限于作者水平,书中难免存在差错和不妥之处,恳请各位专家、学者不吝指正。

作　者

2022年12月

目　　录

1 绪　论

1.1 研究背景及意义

1.1.1 研究背景

聚合氯化铝(poly aluminum chloride,PAC)是一种水处理高效混凝剂,具有吸附性高、形成絮体大[1-2]、沉降速度快,并在水温、pH 值和有机物等方面适应性强等特点[3-4]。PAC 净水剂适用范围广,优点很明显,成为目前公认的优质净水剂,广泛应用于水处理领域[5-9]。PAC 净水剂的生产方法有很多[10-11],常用的是利用铝矾土和铝酸钙粉酸溶两步法,即铝矾土和铝酸钙粉盐、酸或混合酸反应后得到液体 PAC,沉淀的固体形成废渣[11],如图 1-1 所示。

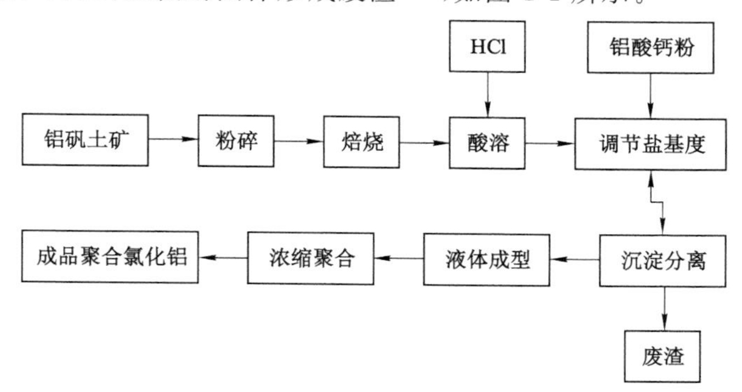

图 1-1　聚合氯化铝的生产流程

近年来,我国 PAC 的年产量逐年增加。据统计,PAC 年需求量(以固含量计)为 100 万～150 万 t[12-14]。PAC 的制备原料包括盐酸或混合酸。以铝矾土和铝酸钙粉生产 PAC 为例,PAC 制备中将产生至少 15%(以干重计)的废渣,该类废渣为酸性,呈黏稠状,会对环境造成极大危害[15-16]。目前,由于 PAC 废渣利用率低、产量较大,废渣多经简单处理后埋于山沟,造成废渣的大量堆存,给地下水、土壤和大气带来巨大的污染风险,如图 1-2 所示。同时,PAC 废渣处理问题已成为困扰 PAC 产业的重要因素，废渣消纳或资源化利用水平将决定净水剂行业的发展。因此，探索 PAC 废渣的高效资源化利用，将有效解决 PAC 废渣对环境的污染问题，取得显著的社会效益和经济效益。

(a) PAC废渣对水的污染

(b) PAC废渣占用土地

图 1-2 聚合氯化铝废渣污染环境

1.1.2 研究意义

研究表明：处理后的 PAC 废渣的化学成分与聚合硫酸铝铁（polymeric aluminum ferric sulfate，PAFS）废渣、赤泥相似，包括 SiO_2、Al_2O_3 和 CaO 等，主要矿物组成包括石英和钙钛矿等，自身存在潜在的化学活性[17]。将 PAC 废渣作为水泥砂浆或混凝土掺合料使用，解决 PAC 废渣污染环境问题的同时，也能降低对水泥的需求量。此外，3D 打印作为一种正在崛起的制造技术，凭借其高度自由化、个性化的特点成为建筑产业变革和创新发展的重要推动力之一。目前，3D 打印技术已在模具制造、工艺设计等领域取得了较多成果[18-19]。基于挤压层积式 3D 打印的 3D 打印混凝土技术，不需模板支撑，可将条状水泥混凝土逐层堆积打印试样，可异性化施工，使建筑物形状丰富多元[20]，极大地推动建筑领域智能一体化、个性化和安全化的进程[21]。研究发现：将部分具有潜在活性的掺合料掺入 3D 打印混凝土中，可改善材料的综合性能，取得较好的经济效益[22-23]。

本研究使用经无害化处理后的 PAC 废渣，拟通过粉磨和热活化等手段制备 PAC 废渣粉，系统研究其物理化学性能，并将其作为掺合料制备砂浆，研究 PAC 废渣对砂浆力学性能的影响规律，提出 PAC 废渣作为掺合料的合理建议，为 PAC 废渣在水泥砂浆中的应用提供参考。同时，研究外掺 PAC 废渣的 3D 打印混凝土力学性能，探讨 3D 打印 PAC 废渣混凝土的可行性，为 PAC 废渣等工业固废高效资源化利用提供新思路，助力我国建筑行业的低碳可持续发展。

1.2 国内外研究现状

目前,国内外学者对各种工业废渣,如赤泥、石材废料、粉煤灰、矿粉等的相关研究较为丰富,为PAC废渣的资源化利用提供了技术支撑。

1.2.1 工业废渣活性激发

将工业废渣作为水泥基材料的掺合料是废渣资源化利用的重要方式。工业废渣能否作为水泥掺合料使用,主要在于废渣的火山灰活性。鲍忠正[24]、展光美等[25]对赤泥、粉煤灰和矿粉的火山灰活性指数进行了比较,发现赤泥早期活性指数高于粉煤灰和矿粉,28 d活性指数低于粉煤灰和矿粉;E. Lasseuguette等[26]和丁一宁等[27]研究了陶瓷抛光粉的火山灰活性,试验结果表明陶瓷抛光粉的活性指数合格,自身具有潜在水硬性。Y. H. Cheng等[28-30]对尾矿渣进行了机械粉磨活化,发现活化后的尾矿粉能有效填充孔隙,降低孔隙率,改善微观结构,进而提高胶砂试件的强度;N. Ye等[31-32]同样采用机械活化的手段激发了赤泥的活性;海然等[33-34]研究了热活化温度对赤泥活性的影响,发现热活化能够有效提高赤泥活性,其中热活化温度为700～800 ℃时赤泥活性最高;Z. Cao等[35]对煤矸石进行热活化研究,发现400 ℃时煤矸石的活性开始提高,600 ℃时煤矸石活性最高;A Bayat等[36]将赤泥、石油焦渣和电石渣进行混合煅烧,发现煅烧后的混合物中部分物质从结晶态转变为亚稳定态,混合物的活性大幅度提高。黄小川等[37-38]系统研究了将工业生产过程中产生的废渣(矿渣、粉煤灰、钢渣)用作地聚合物中水泥的替代品,研究总结了当前的主要激发方式为碱激发(水玻璃)、盐激发(硫酸盐、硅酸盐)、酸激发(盐酸),而碱激发是目前最成熟的激发方式。而碱激发剂的种类、模数和浓度都会对具有火山灰性质的工业废渣产生影响,强碱离子使得砂浆体系的碱性提高,共价键的破坏使更多的活性[SiO_4]和[AlO_4]四面体从废渣中溶出,离子团之间相互聚集和重组,水化产物增多使砂浆的抗压强度、自收缩、孔隙结构、吸水率等得到有效改善。G. Nadoushan等[39]进行了关于GGBF炉渣的碱性激发研究工作,发现KOH溶液对掺有炉渣的地聚合物抗压强度的提升效果优于NaOH。冀文明等[40]研究了复掺激发剂时胶凝材料的最优配合比,试验结果表明掺有碱基复合激发剂的胶凝材料的强度高于盐基复合激发剂,但盐基复合激发剂作用下的胶凝材料收缩性能最优。同样,水玻璃对赤泥[41]、煤矸石[42]以及高强混凝土[43]也具有较好的激发作用,能提高胶凝材料的力学性能,改善浆体的微观结构。

以上研究结果表明:火山灰活性是水泥掺合料的一项重要性能指标,根据相关学者的研究结论[44-45]，基于PAC废渣的化学成分和矿物组成，PAC废渣具有成为辅助胶凝材料的基础。

1.2.2 水泥基材料中废渣替代方式

（1）水泥替代法

目前，工业废渣在砂浆和混凝土中应用时常用来替代一部分胶凝材料，国内外学者常把胶凝材料替代率作为研究的主要参数，砂浆和混凝土中的胶凝材料多为水泥，用工业废渣替代水泥的方法称为水泥替代法，如图1-3所示。

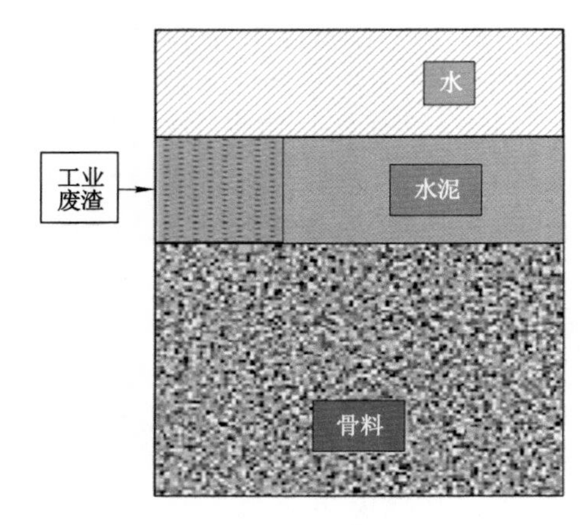

图1-3 水泥替代法

勾密峰等[46]用煅烧后的尾矿微粉替代水泥，替代率为50%时，虽然增大了标准稠度用水量，但是凝结时间仍能满足普通硅酸盐水泥的要求；M. Ghalehnovi等[47-48]研究发现赤泥少量替代水泥时能减少混凝土拌合物中的自由水，增大黏度，减小坍落度损失，此外耐久性也有很大改善；C. Venkatesh等[49]发现赤泥的替代率在10%以内时，混凝土强度与基准组相当；P. R. Matos等[50-51]研究发现：陶瓷抛光粉替代20%的水泥时能够得到比基准组更好的流动性，且不会造成强度损失；王晨霞等[52]研究粉煤灰掺量和再生骨料替代率对再生混凝土力学性能的影响时，发现粉煤灰掺量为15%、再生骨料替代率为30%时，再生混凝土的强度最大；崔正龙等[53]研究粉煤灰掺量对混凝土长期强度的影响时，发现粉煤灰掺量为30%时180 d强度贡献率最大，掺量为50%时180 d强度贡献率仍有所提高；宋维龙等[54]研究发现：无论是单掺高炉矿渣粉还是高炉矿渣粉与钢渣粉复掺，碱激发试样3 d和28 d的抗压强度均有较大幅度增长。

但是采用水泥替代法进行相关研究时发现：工业废渣少量替代水泥时，不会造成砂浆或混凝土的强度和耐久性损失，甚至会有所增强，但替代量较大时，砂浆和混凝土的强度和耐久性能会明显下降。P. Zhu 等[55]的研究结果表明：随着砖粉掺量的增加，砂浆的流动性、抗压强度和抗折强度均呈下降的趋势；T. M. Mendes 等[56]研究玄武岩石粉掺量对水泥力学性能的影响时发现：石粉掺量在5%以下时，抗压强度随着掺量增加而增大，掺量高于5%时抗压强度随着掺量增加而下降；李士洋[57]的研究表明：胶砂试件抗压强度和抗折强度均随着矿渣替代率增大呈现先增大后减小的趋势；肖佳等[58-59]研究发现：胶砂试件的抗压强度随着大理石粉的替代量增加而下降，但是大理石粉的替代率在20%以下时，胶砂试件的干缩值随着替代率增大而下降；唐守峰等[60]在研究矿渣替代率对混凝土抗酸雨侵蚀性能的影响时发现替代率在20%～30%之间时混凝土抗酸雨侵蚀性能最优；杭美艳等[61]的研究表明：泡沫混凝土的导热系数随着矿渣粉替代率的增大而增大。

（2）浆体替代法

水泥替代法降低了部分水泥用量，但是水泥替代率较高时会导致严重的强度损失和耐久性下降明显。近年来，A. K. H. Kwan 等[62-64]提出了“浆体替代法”，如图1-4所示。

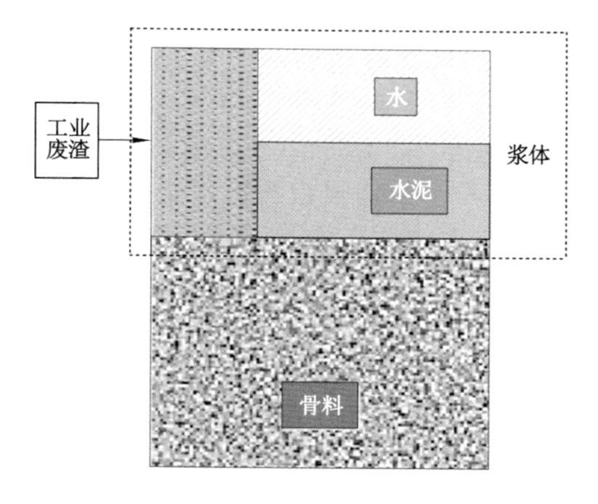

图 1-4 浆体替代法

研究表明：基于浆体替代法利用石粉或砖粉等体积替代浆体制备砂浆和混凝土时，随着浆体替代率的增大，砂浆和混凝土的抗压强度逐渐升高，相关耐久性能也有所提升[65-68]。L. G. Li 等[69-72]同样采用浆体替代法制备砂浆时发现该方法在降低水泥用量的同时不会造成强度损失，而且能提高砂浆的体积稳定性。S. K. Ling 等[73]也得出了相似的结论。以上研究结果均体现了浆体替代法的优点，本书将开展基于浆体替代法的相关研究。

1.2.3 外掺工业废渣水泥砂浆性能

高帅等[74]研究了碱矿渣砂浆的耐久性能，通过XRD、红外光谱(FTIR)等微观测试手段，发现掺有碱矿渣和粉煤灰的砂浆体系在600 ℃以内时表现出良好的耐高温性能，砂浆内的孔径分布和孔隙率均处于较好水平。姜帆等[75]对将工业固体废渣钢渣用作砂浆骨料进行了相关研究，测试了其力学性能、吸水率和密度，发现钢渣在45%的掺量范围内时，砂浆各项性能表现良好。潘俊明等[76]从实际工程应用出发，研究了不同矿渣掺量对蒸养水泥砂浆力学性能、耐久性能和微观形貌变化的影响规律，研究结果表明：蒸养条件下的矿渣水泥砂浆的干缩应变和孔结构得到改善，为实际工程应用提供了数据。M. L. Sulaem 等[77-79]以超细粒状高炉矿渣为原材料制备了地聚合物砂浆以用作混凝土修复材料，发现砂浆的工作性能和早期强度提升明显，由于矿渣微观形貌类似粉煤灰颗粒，砂浆的凝结时间和可塑性也得到了有效改善。文献[80-81]将赤泥作为矿物掺合料制备水泥砂浆，在碱激发剂的作用下，砂浆的孔隙率、干燥收缩和孔径分布得到明显改善，通过SEM观察可以发现砂浆浆体结构致密且连续，是抗压强度得到提高的主要原因；赤泥与秸秆混合制成的轻质砂浆降低了赤泥碱性，砂浆的各项性能优于水泥-粉煤灰砂浆，砂浆体积密度和导热系数良好，可以用作保温隔热材料。文献[82,68]将瓷砖抛光过程中产生的废渣用作辅助胶凝材料，研究了该种材料对砂浆抗压强度、水化热、自收缩、稠度等的影响规律，分析废渣材料的活性指数，研究结果表明：这种废渣材料可以提高砂浆120 d的抗压强度，降低水泥消耗量的同时满足使用要求。杨斯豪[83]和宋嵘杰[84]对碱渣进行了系统性研究，发现碱渣的掺入使砂浆产生更多的C-S-H凝胶、钙矾石和$3CaO \cdot Al_2O_3 \cdot CaCl_2 \cdot 10H_2O$等结晶程度较好的水化产物，适量的碱渣对砂浆流变性能有改善作用，但掺量过大会导致流变性能下降。同时碱渣对砂浆抗渗性能的最大可提高幅度为11.6%，砂浆内部孔隙比下降52%，拉伸黏结强度则会下降，最大可损失30%的黏结强度。H. Li 等[85]对纳米Fe_2O_3与纳米SiO_2对水泥砂浆力学性能的影响机理进行了研究，试验结果表明：加入纳米SiO_2与纳米Fe_2O_3，水泥砂浆的强度均提高20%以上，纳米颗粒不仅填充了砂浆内部孔隙，还能够促进水泥的水化进程。K. Behfarnia 等[86]研究发现：纳米SiO_2改善了砂浆的内部结构，提升了砂浆的力学性能，但是纳米SiO_2掺量过多时，砂浆中生成的硅酸盐超过砂浆所需的量，水化硅酸钙凝胶形成化学长链的反应受到抑制，将使试块强度的提高幅度减小。

1.2.4 掺工业废渣3D打印混凝土的性能

固体废弃物用作3D打印材料的作用主要体现在两个方面：(1) 废弃物能与

打印材料相辅相成,在特定环境场下发生物理化学作用,促进材料理想结构的形成;(2) 作为一种惰性掺合料,不影响原打印材料性能,是一种绿色、节能、环保的利用方式[87]。

E. Güneyisi 等[88]研究发现使用粉煤灰提高了流动性,黏度降低,3D 打印混凝土可建造性下降;28 d 抗压强度可达 29.79～65.21 MPa,随着粉煤灰掺量的增加,抗压强度下降。掺加纳米二氧化硅时混凝土流动度下降,黏度增大,可建造性能加强;凝结时间缩短;随着纳米二氧化硅(NS)含量由 0%升至 6%,抗压强度先增大再减小,但仍高于不掺加 NS 组,28 d 抗压强度最高可达 76.5 MPa 左右。M. Mastali 等[89]研究发现:添加硅灰会使流动度下降,在 14%硅灰掺量下坍落流动直径下降达 5%,抗压强度提高 20%左右,约 70 MPa;掺加硅灰生成致密的 C-S-H 凝胶,改善了集料-糊状物的黏结,可建造性提高。P. Sikora 等[90]提出掺入纳米二氧化硅能提高絮凝率,明显提升 3D 打印混凝土的可建造性能,1 d 抗压强度可提高 2 倍,可达到 16 MPa;抗压强度提高约 14%,可达到 80 MPa 左右。

王栋民等[91]提出粉煤灰和磷渣粉都能提升打印材料的流动性,但磷渣粉改性水泥基流动度过大,难以满足建筑 3D 打印要求。同时两种掺合料的水泥基都能打印 50 层且变形小,可建造性能良好。此外,粉煤灰和磷渣粉还会延长打印材料的凝结时间,使打印时间更充足。李维红等[92]的研究表明:随着硅灰掺量的增加,水泥基材料流动度降低;最佳掺量下,3D 打印混凝土可建造性显著提升;初凝时间和终凝时间延长率分别为 35.7%和 16.7%;力学强度略有提升。矿粉虽然能快速水化,但其制备的胶凝材料流动性不佳[93]。魏玮等[94]的研究表明:掺入矿渣胶凝材料制备的 3D 打印混凝土的流动度只有 142 mm,流动性非常差。选择 CaO 含量适中的矿渣才能满足打印材料流动度的要求。其主要原因是 CaO 能在短时间内促进水化硅酸钙凝胶生成,使得浆体黏度增大,流动性减弱,强度下降。矿粉的掺入可以使打印材料早期强度和后期强度提高,此外,矿粉能起到缩短凝结时间的作用。赵颖等[95]的研究表明:适量的石灰石粉等量代替普通硅酸盐水泥可配制工作性能优异、力学性能良好的 3D 打印材料;石灰石粉能明显提升流动度(高达 3 倍),此时流动度为 183 mm 左右;打印材料凝结时间适宜;石灰石粉会使强度降低,在最佳掺量下,28 d 抗压强度约为 25.74 MPa。

1.2.5 PAC 废渣的应用研究

PAC 废渣作为工业生产聚合氯化铝(PAC)产生的废料,目前对其回收再利用方面的研究十分有限,多体现在化工领域。如李娜等[96]利用生石灰对 PAC 废渣进行改性中和制备脱色剂。相关专利[97-99]利用 PAC 废渣生产铝酸钙、氢氧化钙、聚硅硫酸铝铁和废水处理粉剂等。李晴淘等[100]对PAC废渣进行改性用以处理污泥，或将PAC废渣与其他废渣混合制备免烧砖等[101]。高红莉等[102]以聚合氯化铝废渣为原料，采用单因素试验和正交设计试验研究了焙烧温度、焙烧时间、添加剂配合比等因素对聚合氯化铝废渣中二氧化硅活化效果的影响，确定了利用聚合氯化铝废渣生产硅肥的工艺技术条件。何青峰等[103]开展了聚氯化铝废渣(简称复合除氯PAC废渣)的细度和掺量对标准稠度需水量、凝结时间、强度等水泥性能的影响研究，研究结果表明：复合除氯PAC废渣的细度越细，水泥的标准稠度需水量越大，水泥的凝结时间越短，对水泥的强度增强效果越弱。

以上研究结果表明：经处理后的PAC废渣存在一定的活性的SiO_2、Al_2O_3，但目前针对PAC废渣作为水泥掺合料的研究较少，相关研究亟待深入。

1.3 研究内容

1.3.1 PAC废渣技术特性研究

(1) 热活化PAC废渣物理特性及成分分析

测定了不同温度(常温、300 ℃、600 ℃、900 ℃)处理后的PAC废渣的粒度、密度、需水量和烧失率，观察了颗粒微观形貌，比较不同热活化温度处理后PAC废渣的化学成分和矿物组成。以上研究旨在探明PAC废渣的相关物理、化学性能指标，为进一步的砂浆试验提供基础数据。

(2) PAC废渣活性研究

研究粒径、热活化温度(常温、300 ℃、600 ℃、900 ℃)以及外掺激发剂对PAC废渣活性的影响，旨在探究粒径和热活化温度对PAC废渣活性指数的影响规律，确定PAC废渣的粒径控制指标。

1.3.2 外掺PAC废渣砂浆性能研究

本部分旨在探讨采用水泥替代法和浆体替代法时PAC废渣对砂浆工作性能、立方体抗压强度和相关耐久性能的影响规律，并进行比较分析。

(1) 基于水泥替代法的PAC废渣砂浆试验研究

研究不同水灰比(1.0、0.9、0.8)下PAC废渣掺量(质量掺量为0%、5%、10%、15%、20%)对砂浆稠度、抗压强度、孔结构及抗冻性的影响规律；结合热活化PAC废渣的试验结果，进一步探讨PAC废渣煅烧温度对砂浆抗压强度的影响规律；最后通过扫描电镜(SEM)对水灰比为0.8的5组配合比(0.8-0%、0.8-

20%、0.8-20%-300 ℃、0.8-20%-600 ℃、0.8-20%-900 ℃)进行电镜扫描,分析PAC废渣掺量和热活化温度对砂浆微观结构和水化产物的影响。

(2) 基于浆体替代法的PAC废渣砂浆试验研究

研究不同水灰比(1.0、0.9、0.8)时PAC废渣体积掺量(0%、2%、4%、6%、8%)对砂浆稠度、抗压强度、孔结构、抗冻性以及体积稳定性的影响规律;结合热活化PAC废渣的试验结果,进一步探讨PAC废渣煅烧温度对砂浆抗压强度的影响规律;最后通过扫描电镜(SEM)对水灰比为0.8的5组配合比(0.8-0%、0.8-8%、0.8-8%-300 ℃、0.8-8%-600 ℃、0.8-8%-900 ℃)进行电镜扫描,分析PAC废渣掺量和热活化温度对砂浆微观结构和水化产物的影响。

1.3.3 3D打印PAC废渣混凝土性能试验研究

(1) PAC废渣对3D打印混凝土力学性能的影响研究

研究水灰比固定(0.3)的情况下净水剂废渣质量掺量(0%、5%、10%、15%、20%),纳米硅溶胶(NSS)质量掺量(0%、0.5%、1%、1.5%、2%)以及在水灰比固定(0.3)且废渣掺量固定(5%、10%)的情况下NSS质量掺量(0%、5%、10%、15%、20%)对打印混凝土抗压强度及抗折强度的影响规律,探究3D打印试样和传统试模试样的力学性能差异。

(2) PAC废渣对3D打印混凝土微观结构和水化产物的影响研究

通过扫描电镜(SEM)及XRD物相分析对水灰比为0.3的13组试样(0.3-0%、0.3-5%、0.3-10%、0.3-15%、0.3-20%、0.3-0.5%、0.3-1%、0.3-1.5%、0.3-2%、0.3-10%-0.5%、0.3-10%-1%、0.3-10%-1.5%、0.3-10%-2%)进行电镜扫描及物相分析,分析净水剂废渣掺量、NSS掺量及二者混掺对3D打印混凝土的微观结构和水化产物的影响。

2 聚合氯化铝废渣物性分析

本章通过测试常温和热活化后PAC废渣的粒度分布、相关物理性能(需水量、颗粒形貌、烧失率、密度)和成分,分析PAC废渣粒径及形貌特征,揭示温度对PAC废渣物理性能的影响。

2.1 试验设备

本章试验中涉及的设备主要包括对PAC废渣的物理性能和化学性能进行测定的设备,具体试验内容和测定设备见表2-1。

表2-1 试验内容及测定设备

试验内容	测定设备
密度	李氏瓶
烧失率	坩埚、高温炉
需水量	流动度跳桌台
PAC废渣颗粒表观特性	超景深显微镜
颗粒的粒度分布	激光粒度分析仪
化学成分	X射线荧光光谱分析仪(XRF)
矿物成分	X射线粉末衍射仪(XRD)
微观界面	扫描电子显微镜(SEM)

2.2 PAC废渣物理特性分析

2.2.1 不同煅烧温度处理后的PAC废渣的表观特征

经过不同温度煅烧后,PAC废渣的表观特征发生了明显的变化,尤其是900℃煅烧后,PAC废渣出现轻微的“团聚”现象,形成块状颗粒,但是颗粒结构松散，触之即散。PAC 废渣由棕黄色变成砖红色，这是由于废渣中含有的少量的 FeO，在高温有氧的环境中转化为 Fe_2O_3。

煅烧前和煅烧后的 PAC 废渣如图 2-1 所示。

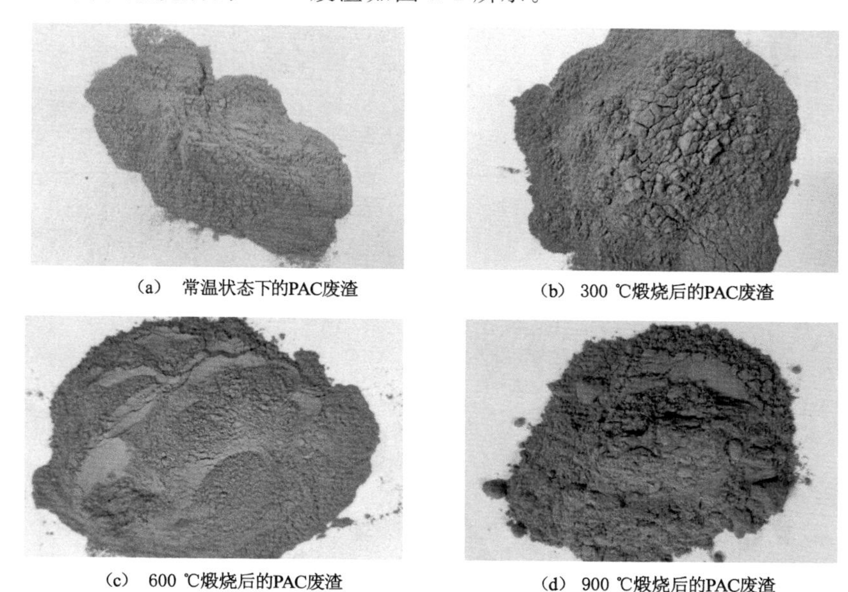

(a) 常温状态下的PAC废渣

(b) 300 ℃煅烧后的PAC废渣

(c) 600 ℃煅烧后的PAC废渣

(d) 900 ℃煅烧后的PAC废渣

图 2-1 常温及不同温度煅烧后的 PAC 废渣的表观特征

2.2.2 不同煅烧温度处理后的 PAC 废渣粒度

采用丹东百特公司生产的 BT-9300SE 型激光粒度分析仪(图 2-2)来分析不同温度煅烧后 PAC 废渣的粒径分布，煅烧后 PAC 废渣和水泥的粒度分布情况见表 2-2，粒径分布曲线和累计分布曲线如图 2-3 和图 2-4 所示。

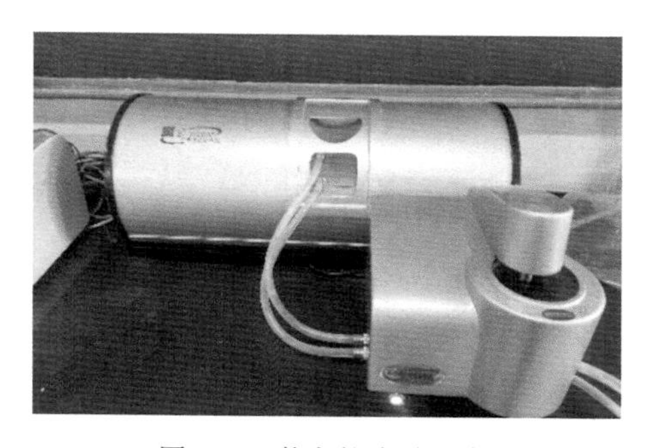

图 2-2 激光粒度分析仪

表 2-2　PAC 废渣和水泥粒度　　单位：μm

种类	D10	D25	D50	D75	D90	D97	平均粒径
OPC	2.959	6.672	15.13	28.13	44.60	63.19	19.90
PACR	6.142	14.67	28.19	46.42	65.95	85.70	32.64
PACR-300 ℃	6.837	16.52	31.84	51.45	71.08	89.95	35.91
PACR-600 ℃	7.526	16.91	31.97	52.57	75.36	99.37	37.37
PACR-900 ℃	10.78	20.73	36.11	56.93	79.80	104.2	41.26

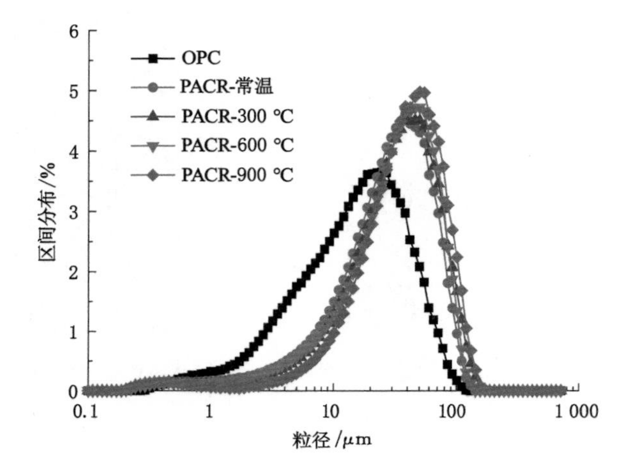

图 2-3　不同样品粒径分布曲线

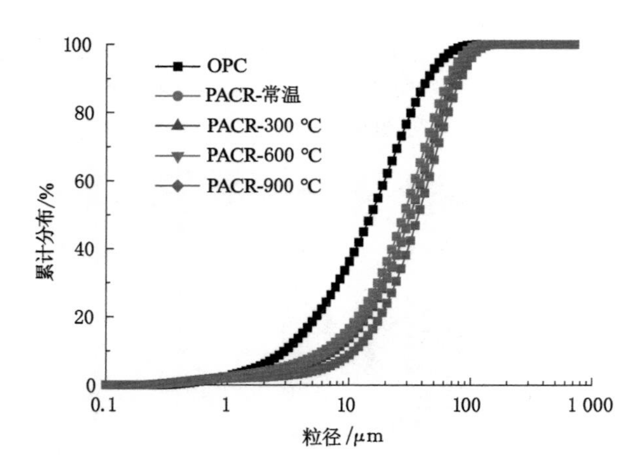

图 2-4　不同样品粒径累计分布曲线

由表 2-2 可知：常温(PACR)、300 ℃(PACR-300 ℃)、600 ℃(PACR-600 ℃)煅烧后的 PAC 废渣的中值粒径(D50)分别为 28.19 μm、31.84 μm、31.97 μm；水泥(OPC)和 900 ℃(PACR-900 ℃)煅烧后的 PAC 废渣的中值粒径(D50)分别为 15.13 μm 和 36.11 μm。比较这 5 组样品的中值粒径可知：PAC 废渣的粒径远大于水泥，且煅烧温度在 600 ℃以下的 PAC 废渣粒径相近，煅烧温度为 900 ℃时的粒径大于其他 3 个 PAC 废渣组。

由图 2-3 和图 2-4 可以看出：5 组样品的粒径分布曲线和粒径累计分布曲线的趋势一致，不同处理温度时的 PAC 废渣与水泥的粒径分布曲线都满足正态分布，将 PAC 废渣作为掺合料部分替代水泥，能够优化砂浆或混凝土的颗粒级配。

2.2.3 不同煅烧温度处理后的 PAC 废渣的微细观形貌

(1) PAC 废渣的表观特征：试验使用贝朗 BL-SC1600 型手持数码显微镜(图 2-5)观察煅烧后 PAC 废渣颗粒的表观特征。不同温度煅烧后的 PAC 废渣颗粒的表观特征如图 2-6 所示。由图 2-6 可以看出：PAC 废渣在经过煅烧处理后，颜色由常温状态下的黄棕色(观察中显示)逐渐变成砖红色，其原因是 PAC 废渣中含有少量 Fe 元素，在常温状态下主要以 FeO 的形式存在，随着煅烧温度的升高，在高温有氧的环境中反应生成 Fe_2O_3。此外，由图 2-6 还可以看出：在常温状态下 PAC 废渣中存在大量黑色颗粒，随着煅烧温度升高，黑色颗粒逐渐减少，900 ℃时几乎不可见。这些黑色颗粒是 PAC 废渣中的有机质和含碳颗粒，当温度升高时，有机质和含碳颗粒逐渐灼烧殆尽。

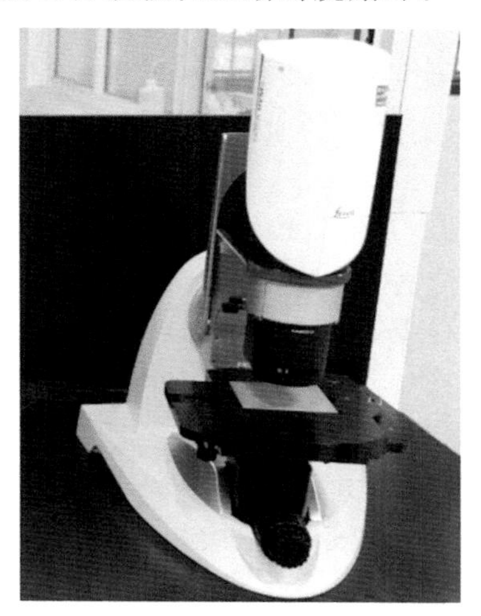

图 2-5 手持数码显微镜

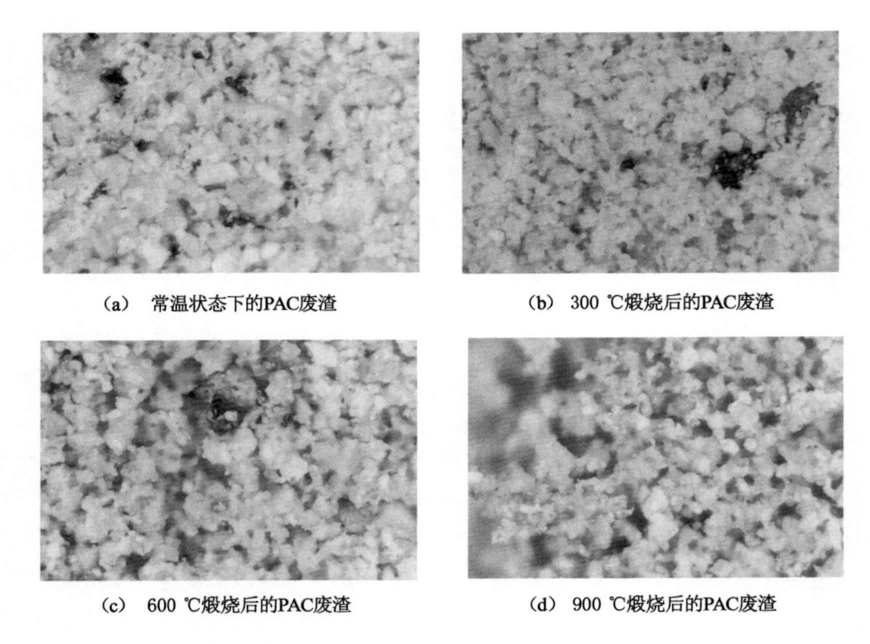

图 2-6 常温及不同温度煅烧后的 PAC 废渣粉体的表观特征(×1 000)

由图 2-6(a)、图 2-6(b)可以看出：无论是常温下还是煅烧后的 PAC 废渣，颗粒分布非常不均匀，表观形貌粗糙且几何外形极不规则。PAC 废渣粗糙的表面和不规则的外形增加了颗粒之间的摩擦，再加上有机质和含碳颗粒的存在，会造成砂浆流动性降低，影响砂浆的和易性。因此，为了使砂浆的流动性达到试验及施工要求，需要更高的水灰比，但会增大砂浆的孔隙率，影响砂浆的强度和相关耐久性能。

(2) PAC 废渣颗粒微观形貌：试验使用德国 Carl Zeiss NTS GmbH 公司生产的 Merlin Compact 型扫描电子显微镜(图 2-7)观察 PAC 废渣颗粒的微观形貌。不同温度煅烧后 PAC 废渣粉的微观形貌如图 2-8 所示。

由图 2-8 可以看出：随着煅烧温度的升高，PAC 废渣中粗颗粒的数量逐渐增加，细颗粒逐渐减少，PAC 废渣整体粒径较粗，这与粒度分析试验的结果一致；PAC 废渣颗粒形状不规则，大颗粒表面附着许多小颗粒，小颗粒之间相互粘连形成大颗粒，导致废渣颗粒表面粗糙。

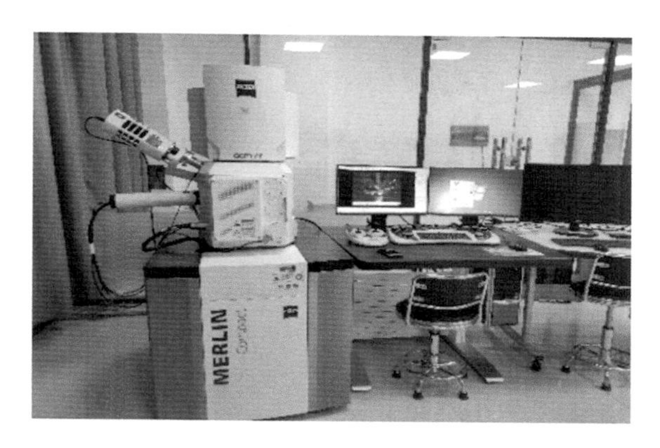

图 2-7 扫描电子显微镜

(a) 常温状态下的PAC废渣

(b) 300 ℃煅烧后的PAC废渣

(c) 600 ℃煅烧后的PAC废渣

(d) 900 ℃煅烧后的PAC废渣

图 2-8 常温及不同温度煅烧后的 PAC 废渣的微观形貌

2.2.4 不同煅烧温度处理后的 PAC 废渣需水量

参照《高强高性能混凝土用矿物外加剂》(GB/T 18736—2017)[104]规定的方法进行需水量比试验,以纯水泥组和粉煤灰组的砂浆流动度作为对照,对比不同温度煅烧后的PAC废渣取代30%水泥后的砂浆达到相同流动性能所需的用水量。试验所用仪器为流动度跳桌台。

不同粉体掺合料的需水量比按式(2-1)计算,计算结果精确至1%。

$$R_{w}=\frac{W_{t}}{225}\times 100\% \tag{2-1}$$

式中 R_{w}——受检胶砂的需水量比;

W_{t}——受检胶砂的用水量,g;

225——基准胶砂的用水量,g。

需水量比试验结果见表2-3。

表2-3 需水量比试验结果

标准	试验分组	用水量/g	流动度/mm	需水量比/%
《高强高性能混凝土用矿物外加剂》(GB/T 18736—2017)	纯水泥	225	212.5	100
	粉煤灰	210	215.5	94
	常温PAC废渣	241	212.5	107
	300 ℃煅烧PAC废渣	243	213.0	108
	600 ℃煅烧PAC废渣	248	212.5	110
	900 ℃煅烧PAC废渣	257	210.0	114

由表2-3可以看出:不同温度煅烧后PAC废渣组的需水量比高于纯水泥组和粉煤灰组,常温PAC废渣组的需水量比为107%,主要是因为PAC废渣颗粒的几何形状不规则,颗粒间的摩擦力较大,此外,常温下PAC废渣中含有大量有机质和含碳颗粒,达到与纯水泥组相同的流动性所需要的水较多;煅烧温度为300 ℃、600 ℃和900 ℃组的需水量比分别为108%、110%和114%,高于常温组,随着煅烧温度的升高而增大,主要原因:煅烧后PAC废渣中的自由水和结合水丧失[24]。胶凝材料中包含自由水和结合水,在煅烧的过程中自由水首先丧失,随着温度升高,结合水部分丧失,而且在煅烧的过程中PAC废渣中某些化学物质也在增加,相较于常温组,煅烧组实际水灰比低于常温组,从而造成需水量增加。

根据粉煤灰需水量比的相关要求:Ⅲ粉煤灰的需水量比小于或等于115%,煅烧后PAC废渣的需水量比均在115%以下,处于Ⅲ粉煤灰所要求的范围内,主要是因为PAC废渣在煅烧过程中其内部的有机质和含碳颗粒大量减少,对流动性具有有利作用,因此在PAC废渣丧失自由水和部分结合水的情况下,需水量比没有大幅度升高。

2.2.5 不同煅烧温度对 PAC 废渣烧失率的影响

在 PAC 废渣煅烧过程中，对其烧失率进行了测试，试验按照《水泥化学分析方法》(GB/T 176—2017)[105]中的方法进行测定。每次称量 50 g 试样，煅烧结束后称量剩余质量，利用式(2-2)计算烧失率。

$$X_{LOI}=\frac{m_1-m_2}{m_1}\times 100\% \tag{2-2}$$

式中 X_{LOI}——烧失率；

m_1——煅烧前 PAC 废渣的质量，g；

m_2——煅烧后 PAC 废渣的质量，g。

不同温度煅烧后的 PAC 废渣的烧失率试验结果如图 2-9 所示。

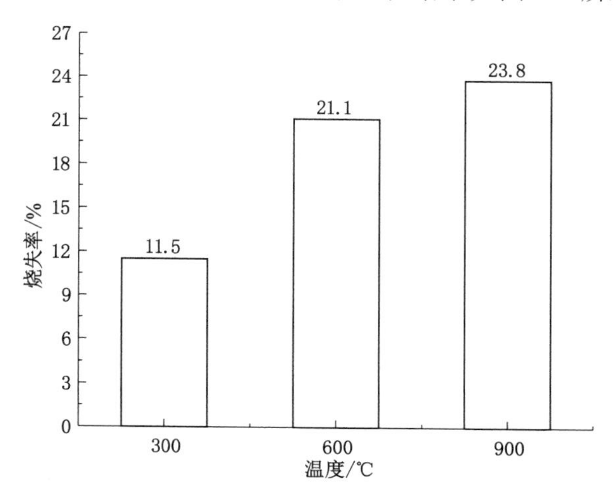

图 2-9 PAC 废渣的烧失率随温度变化规律

由图 2-9 可以看出：当 PAC 废渣的煅烧温度从 300 ℃上升到 600 ℃时，烧失率从 11.5%上升到 21.1%，烧失率增大了 9.6%，质量损失最明显；煅烧温度为 900 ℃时，烧失率为 23.8%，较 600 ℃仅增加了 2.7%，质量损失较平缓。可以发现 600 ℃为转折点，由此推测出当煅烧温度低于 600 ℃时，PAC 废渣的烧失率增长较快；当煅烧温度高于 600 ℃时，PAC 废渣的烧失率增长缓慢。PAC 废渣的质量损失主要是由于有机质的燃烧、自由水和结合水的丧失以及某些化学成分的分解。随着温度的升高，PAC 废渣中有机质的燃烧更加充分，某些在高温环境中发生的反应开始进行。结合图 2-6 可以说明大部分有机物和含碳颗粒在 600 ℃时便已经灼烧完全，当温度继续升高到 900 ℃时，只有少量物质被灼烧。

2.2.6 不同煅烧温度处理后的 PAC 废渣的密度

参照《水泥密度测定方法》(GB/T 208—2014)[106]中的方法对 PAC 废渣的密度进行测定，试验以无水煤油为介质，所用仪器为李氏瓶和电子秤。将 PAC 废渣倒入李氏瓶中，根据阿基米德原理，PAC 废渣的体积等于排开液体的体积，以此计算 PAC 废渣的密度。PAC 废渣的密度随着煅烧温度的变化规律如图 2-10 所示。

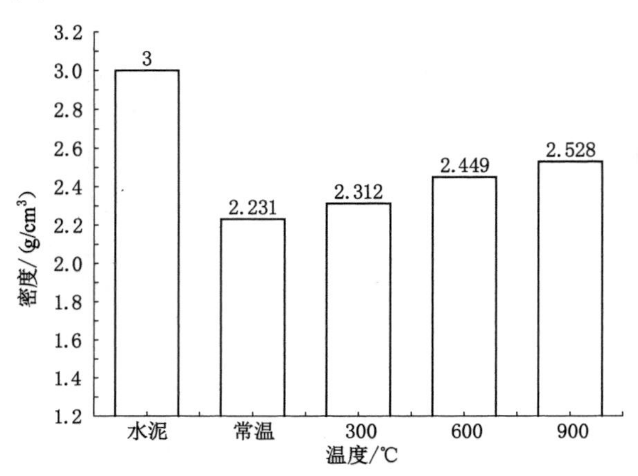

图 2-10 不同煅烧温度处理后 PAC 废渣的密度

由图 2-10 可以看出：随着煅烧温度的升高，PAC 废渣的密度也随之增大。其主要原因是：PAC 废渣中有机质密度较小，当温度升高时，有机质被灼烧殆尽，留下性质稳定的氧化物，如 SiO_2、Fe_2O_3 和 CaO 等。由图 2-10 还可以看出：煅烧温度较低时，密度增大不是很明显，600 ℃时密度增幅较大，随后增大速率变缓，900 ℃时密度达到了 2.528 g/cm^3，较常温时的 2.231 g/cm^3 增大了 0.297 g/cm^3，但总体仍小于普通硅酸盐水泥的密度(3.0 g/cm^3)。

2.3 PAC 废渣化学特性分析

2.3.1 不同煅烧温度处理后的 PAC 废渣的化学成分分析

采用德国 Bruker-S8 TIGER 型 X 射线荧光光谱仪(XRF)(图 2-11)测定 PAC 废渣的化学组成，测定结果见表 2-4。

图 2-11 X 射线荧光光谱仪

表 2-4 PAC 废渣和水泥主要化学成分

单位:%

种类	SiO_2	Al_2O_3	Fe_2O_3	CaO	MgO	TiO_2	Cl^-	其他
OPC	20.15	4.76	3.18	64.87	2.87	—	—	1.74
PACR	45.721	27.80	3.42	5.675	1.34	3.855	2.25	10.389
PACR-300 ℃	44.153	27.53	4.073	7.954	1.53	3.923	2.17	8.667
PACR-600 ℃	42.21	28.12	4.976	8.757	1.963	4.167	1.83	7.977
PACR-900 ℃	43.73	27.69	5.283	9.051	2.634	4.39	1.52	5.702

由表 2-4 可以看出:PAC 废渣的主要化学成分是 SiO_2、Al_2O_3、CaO、Fe_2O_3 以及 TiO_2,与水泥的化学成分基本一致,但是与水泥相比 PAC 废渣中的 SiO_2 含量更高,而水泥中 CaO 的含量远高于 PAC 废渣;PAC 废渣是一种富含大量 SiO_2 和 Al_2O_3 的材料,理论上可以发生二次水化反应,在将 PAC 废渣作为砂浆或混凝土的掺合料时,CaO 与水反应生成 $Ca(OH)_2$ 产生的碱性环境有助于提高 PAC 废渣的二次水化反应能力。

2.3.2 不同温度煅烧处理后的 PAC 废渣的晶体成分分析

采用 Bruker-D8 Advance 型 X 射线粉末衍射仪(XRD)(图 2-12)对 PAC 废渣的晶体组成进行测定,测定结果如图 2-13 所示。

由图 2-13 可以看出:PAC 废渣中含量较多的是晶体相的 SiO_2 和 Al_2O_3,$CaCO_3$ 和 $CaTiO_3$ 晶体等,以及其他晶体相。随着煅烧温度升高,各个晶体的衍射峰有些变化,其中 SiO_2 的衍射峰最明显,如常温时 SiO_2 的衍射峰强度最高,

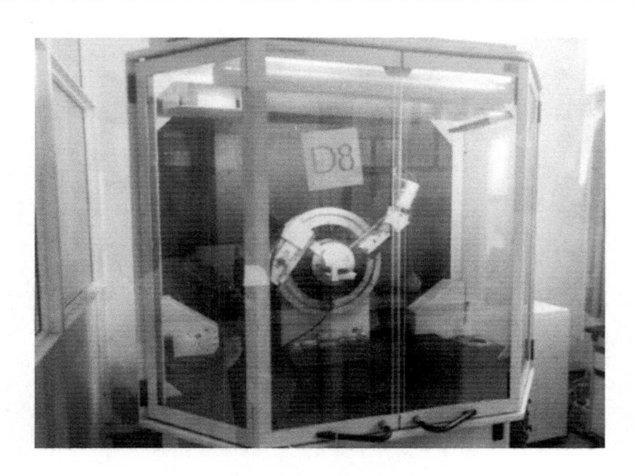

图 2-12　X 射线粉末衍射仪

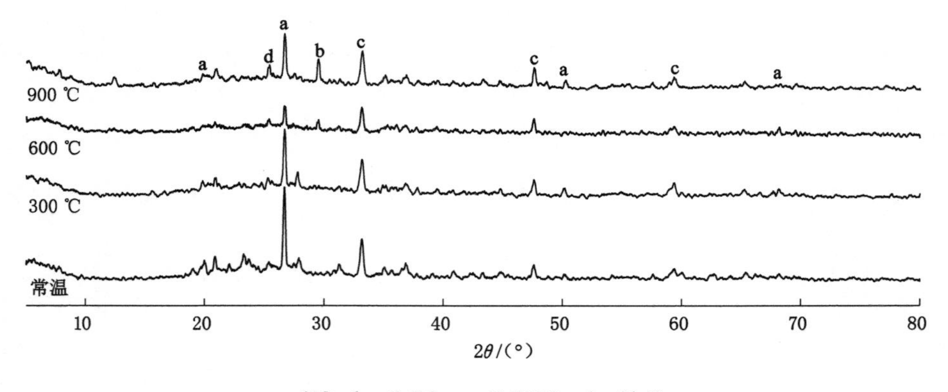

a—SiO_2；b—$CaCO_3$；c—$CaTiCO_3$；d—Al_2O_3。

图 2-13　XRD 衍射图谱

且 SiO_2 的衍射峰强度随着煅烧温度升高呈现先降低后升高的趋势，但煅烧后 PAC 废渣 SiO_2 的衍射峰强度均小于常温组，具体的从大到小的顺序为：常温、300 ℃、900 ℃、600 ℃。

上述现象表明：常温时 PAC 废渣晶体相的 SiO_2 最多，此时 PAC 废渣的火山灰活性最低；600 ℃时晶体相的 SiO_2 最少，说明 SiO_2 结晶程度降低，不定型的 SiO_2 增加，PAC 废渣的火山灰活性提高；900 ℃时晶体相的 SiO_2 又有所增加，说明此时一些不定型的 SiO_2 开始重新结晶，导致 PAC 废渣的火山灰活性降低，主要是 900 ℃ PAC 废渣出现“团聚”现象。

2.4 本章小结

本章通过测定不同温度煅烧后 PAC 废渣的基本物理性能和成分，得到以下几个结论：

(1) PAC 废渣粒径分布曲线与水泥类似，呈正态分布；不同温度煅烧后的 PAC 废渣的中值粒径(D50)分别为 28.19 μm、31.84 μm、31.97 μm、36.11 μm，高于水泥的 15.13 μm，可填充砂浆内部孔隙。

(2) PAC 废渣需水量比介于 107%～114%之间，在利用 PAC 废渣制备砂浆时，需要较高的水灰比或使用减水剂，以便达到砂浆或混凝土的使用要求。

(3) PAC 废渣中含有大量有机质，颗粒微观形貌较为粗糙，烧失率在 300～600 ℃增长较大，600～900 ℃增长缓慢，600 ℃时烧失率为 21.1%，900 ℃时烧失率为 23.8%，密度为 2.528 g/cm^3。

(4) PAC 废渣的主要化学成分与水泥基本一致，PAC 废渣中 SiO_2 和 Al_2O_3 的总量高于 70%，XRD 的测定结果表明热活化能够提高 PAC 废渣的火山灰活性，煅烧温度为 600 ℃时最优。

3 聚合氯化铝废渣活性研究

活性指数是混凝土用矿物掺合料的一个重要的性能指标，根据《用于水泥中的火山灰质混合材料》(GB/T 2847—2022)[107]中的规定，含30%掺合料28 d的活性指数(强度比)不低于62%，活性指数越高表示矿物掺合料对砂浆或混凝土强度发展的贡献率越高。本研究将PAC废渣作为砂浆的掺合料使用，对PAC废渣的活性指数的测定十分有必要。本章主要对不同粒径和不同温度煅烧后的PAC废渣进行活性指数试验，结合扫描电镜(SEM)试验，探究粒径和热活化温度对PAC废渣活性的影响规律。

3.1 试验设备

本章试验所涉及设备包括制备不同粒径的PAC废渣和热活化PAC废渣以及对PAC废渣活性测定的设备，具体试验内容和测定设备见表3-1。

表3-1 试验内容及测定设备

试验内容	测定设备
不同粒径PAC废渣制备	颚式破碎机、筛分机、滚筒式球磨机
热活化PAC废渣制备	高温炉
水泥胶砂试验	水泥胶砂搅拌机、水泥胶砂振实台
抗压抗折试验	抗折抗压试验机
微观界面	扫描电子显微镜(SEM)

3.2 不同粒径PAC废渣活性研究

3.2.1 不同粒径PAC废渣表观特征

经过筛分后粒径在0.15 mm以上的PAC废渣宏观表现为球状颗粒，与同粒径的砂相似，如图 3-1 所示。

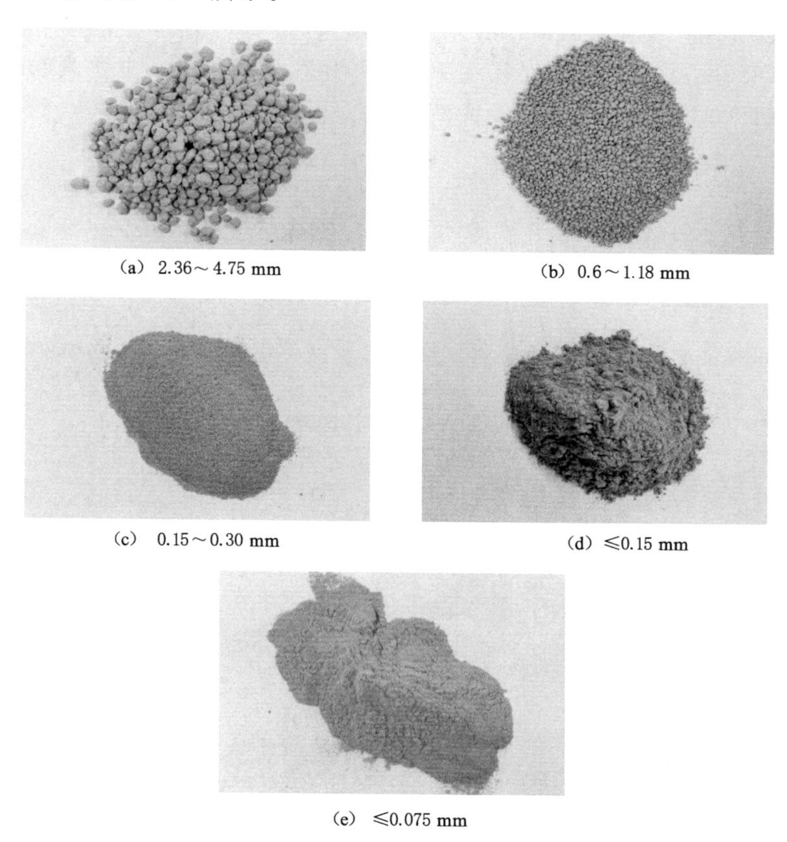

(a) 2.36～4.75 mm　(b) 0.6～1.18 mm

(c) 0.15～0.30 mm　(d) ≤0.15 mm

(e) ≤0.075 mm

图 3-1　不同粒径的 PAC 废渣

在破碎和筛分过程中发现粒径在 0.3～0.6 mm 范围内的 PAC 废渣约占总体的 50%，若按照测定砂细度模数 M_X 的方法进行计算，发现 PAC 废渣的细度模数与中砂的细度模数（$M_X=2.3\sim3.0$）较接近，但是 PAC 废渣颗粒自身的强度较低，在外力作用下易破碎成更小的颗粒，不能直接作为细骨料取代砂。

3.2.2　活性指数评定方法

火山灰活性是指掺合料中的活性 SiO_2 和 Al_2O_3 等活性物质与水泥水化生成的 $Ca(OH)_2$ 发生反应生产水化硅酸钙和水化铝酸钙等凝胶的性能，其反应过程为：

$$x\mathrm{Ca(OH)_2} + \mathrm{SiO_2} + m\mathrm{H_2O} = x\mathrm{CaO}\cdot\mathrm{SiO_2}\cdot(m+x)\mathrm{H_2O}$$

$$yCa(OH)_2 + SiO_2 + mH_2O = yCaO \cdot SiO_2 \cdot (m+y)H_2O$$

目前评定矿物掺合料活性的方法包括化学法和物理法，最常用的是物理法。物理法即强度对比试验法，是指将所测定的矿物掺合料以一定质量取代水泥同纯水泥组进行强度比较，进而评价矿物掺合料活性，即本试验所采用的胶砂强度试验法[108]。

试验以≤0.075 mm、0.075～0.15 mm、0.15～0.3 mm、0.6～1.18 mm和2.36～4.75 mm共5个粒径区间的PAC废渣等质量取代30%的水泥。

3.2.3 试验结果与分析

不同粒径PAC废渣胶砂试件试验结果和试件强度比分别见表3-2和表3-3。

表3-2 不同粒径PAC废渣胶砂试件试验结果

试件编号	PAC废渣粒径/mm	抗折强度/MPa			抗压强度/MPa		
		7 d	14 d	28 d	7 d	14 d	28 d
H0	—	6.38	7.14	7.66	35.85	42.65	50.67
H1	≤0.075	4.94	5.97	6.57	24.40	30.93	37.98
H2	0.075～0.15	4.75	5.62	6.24	23.92	29.46	35.71
H3	0.15～0.3	4.39	4.97	5.63	20.41	25.28	31.32
H4	0.6～1.18	4.19	4.73	5.45	18.83	23.80	29.95
H5	2.36～4.75	3.94	4.56	5.17	18.33	22.75	28.18

表3-3 不同粒径PAC废渣胶砂试件强度比

试件编号	PAC废渣粒径/mm	抗折强度比/%			抗压强度比/%		
		7 d	14 d	28 d	7 d	14 d	28 d
H0	—	100.00	100.00	100.00	100.00	100.00	100.00
H1	≤0.075	77.43	83.61	85.77	68.06	72.52	74.96
H2	0.075～0.15	74.45	78.71	81.46	66.72	69.07	70.48
H3	0.15～0.3	68.81	69.61	73.50	56.93	59.27	61.81
H4	0.6～1.18	65.67	66.25	71.15	52.52	55.80	59.11
H5	2.36～4.75	61.76	63.87	67.49	51.13	53.34	55.62

由表3-2和表3-3可以看出：掺不同粒径PAC废渣试件强度和强度比均随着龄期逐渐增长，后期增长幅度趋于稳定，主要原因是：PAC废渣自身活性不高，需要在碱性环境中释放内部的活性物质，而早期水泥水化尚不充分，浆体碱性程度不高，PAC废渣内部的活性物质的释放不够充分，随着水泥水化程度的

加深，PAC 废渣颗粒内部的活性组分得到释放，与水泥水化产物发生水化反应，提高了砂浆后期强度。

由表 3-3 还可以看出：随着 PAC 废渣粒径增大，28 d 试件强度比呈下降趋势，粒径超过 0.15 mm 后下降明显，如粒径为 0.15～0.3 mm 时的 28 d 抗压强度比为 61.81%，较 0～0.15 mm 和≤0.075 mm 时的分别下降了 8.67%和 13.15%，粒径为 0.6～1.18 mm 和 2.36～4.75 mm 的胶砂试件 28 d 抗压强度比分别为 59.11%和 55.62%，根据《用于水泥中的火山灰质混合材料》(GB/T 2847—2022)[107]规定，含 30%掺合料的胶砂试件 28 d 强度比高于 62%，粒径为≤0.075 mm 和 0～0.15 mm 的 28 d 抗压强度比分别为 74.07%、70.48%，均高于国家标准所规定的火山灰活性指数临界值，说明粒径在 0.15 mm 以下的 PAC 废渣均可以作为水泥的活性掺合料；而粒径在 0.15 mm 以上的 PAC 废渣不能直接作为水泥的掺合料，如若使用，需将进一步粉磨至 0.15 mm 以下。

3.2.4 扫描电镜分析

为了直观地分析掺入 PAC 废渣对胶砂试件内部微观结构的影响，对纯水泥 H0 组和常温 PAC 废渣 H1 组 7 d 和 28 d 试样进行了电镜扫描，如图 3-2 所示。

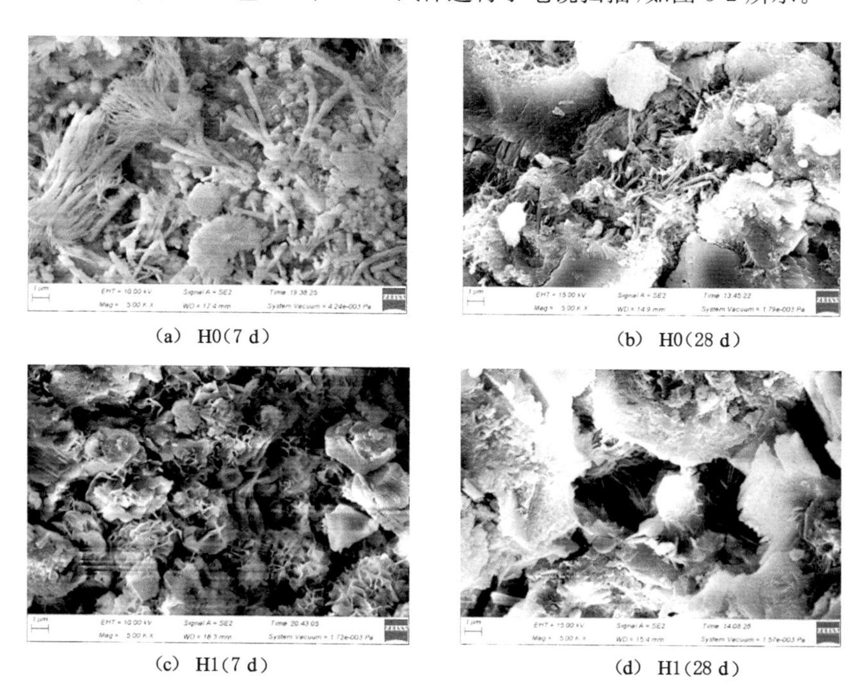

(a) H0(7 d)　(b) H0(28 d)　(c) H1(7 d)　(d) H1(28 d)

图 3-2 试样的微观形貌

由图3-2可以看出:7 d时,纯水泥H0组生成了大量草状的C-S-H凝胶及部分针棒状的钙矾石,水化产物相互交错,整体结构较为致密;反观PAC废渣H1组,只看到少量网格状的C-S-H凝胶,大量未参与反应的PAC废渣相互堆砌,整体结构较H1疏松。28 d时,H0组中不定型的C-S-H凝胶将钙矾石包裹起来,形成致密的骨架,为胶砂试件提供强度支撑;而H1的微观结构孔洞较多,孔洞中存在钙矾石,但是生成较少不足以为孔洞提供支撑。总体来说,H0和H1 28 d时的微观结构均比7 d时的更为致密,尤其是H1,可以明显看到水化产物的生成,特别是钙矾石,说明后期部分PAC废渣活性得到了释放,参与了水化反应。

3.3 热活化改善PAC废渣活性

3.3.1 活性指数评定方法

煅烧后的PAC废渣组成较为复杂,本研究采用了蒲心诚[109]提出的评价火山灰活性效应的数值分析方法,将煅烧后的PAC废渣与粉煤灰进行比较,进而对不同温度煅烧后的PAC废渣的火山灰活性进行分析评价。

$$\text{火山灰比强度}(R)=\frac{\text{含活性掺合料的强度}}{\text{水泥用量质量分数}}$$

$$\text{火山灰比强度系数}(\varphi)=\frac{\text{含活性掺合料水泥的比强度}}{\text{无掺合料水泥的比强度}}$$

$$\text{火山灰效应强度贡献率}(\psi)=\frac{\text{含活性掺合料水泥的比强度}-\text{无掺合料水泥的比强度}}{\text{含活性掺合料水泥的比强度}}\times 100\%$$

试验以300 ℃、600 ℃、900 ℃煅烧后的PAC废渣等质量取代30%的水泥进行试验研究。

3.3.2 试验结果及分析

(1) 掺不同温度煅烧后的PAC废渣胶砂试件的试验结果和强度比分别见表3-4和表3-5。

表3-4 PAC废渣胶砂试件的试验结果

试件编号	试验分组	抗折强度/MPa			抗压强度/MPa		
		7 d	14 d	28 d	7 d	14 d	28 d
H0	纯水泥	6.38	7.14	7.66	35.85	42.65	50.67
H1	常温PAC废渣	4.94	5.97	6.57	24.40	30.93	37.98

表3-4(续)

试件编号	试验分组	抗折强度/MPa			抗压强度/MPa		
		7 d	14 d	28 d	7 d	14 d	28 d
H6	300 ℃煅烧 PAC 废渣	5.63	6.17	6.34	31.49	35.38	40.31
H7	600 ℃煅烧 PAC 废渣	6.06	6.48	6.70	33.28	38.24	43.12
H8	900 ℃煅烧 PAC 废渣	5.73	6.20	6.45	33.79	36.31	42.15
H9	粉煤灰	5.14	6.38	7.19	25.93	33.42	42.53

表 3-5 PAC 废渣胶砂试件强度比

试件编号	试验分组	抗折强度比/%			抗压强度比/%		
		7 d	14 d	28 d	7 d	14 d	28 d
H0	纯水泥	100.00	100.00	100.00	100.00	100.00	100.00
H1	常温 PAC 废渣	77.43	83.61	85.77	68.06	72.52	74.96
H6	300 ℃煅烧 PAC 废渣	88.25	86.42	82.77	87.84	82.95	79.55
H7	600 ℃煅烧 PAC 废渣	94.98	90.76	87.46	92.83	89.66	85.10
H8	900 ℃煅烧 PAC 废渣	89.81	86.84	84.20	94.25	85.13	83.19
H9	粉煤灰	80.56	89.36	93.86	72.33	78.36	83.94

由表 3-4 可以看出：常温 PAC 废渣组的早期抗压强度为 24.40 MPa，与粉煤灰组 25.93 MPa 相当，均低于热活化 PAC 废渣组，主要是早期水泥水化产生的碱性物质较少，不足以激发常温 PAC 废渣和粉煤灰的活性；掺热活化 PAC 废渣(300 ℃、600 ℃、900 ℃)试件的早期抗压强度分别为 31.49 MPa、33.28 MPa、33.79 MPa，与纯水泥试件早期抗压强度 35.85 MPa 相当，远高于常温 PAC 废渣组和粉煤灰组，可能是因为高温煅烧破坏了 PAC 废渣颗粒的结构，释放其内部的活性组分，并较早地与水泥水化产物发生反应，提高了试件抗压强度。28 d 龄期掺热活化 PAC 废渣试件的强度增长速率有所降低，但是仍高于常温 PAC 废渣组，说明高温热活化能够有效激发 PAC 废渣的活性。

由表 3-5 可以看出：与常温 PAC 废渣试件早期强度比低和随着龄期增加强度比不断上升相比，热活化 PAC 废渣试件强度比的发展规律则截然相反，早期较高，后期较低。说明热活化 PAC 废渣对砂浆强度的贡献主要集中在早期，对砂浆后期强度发展贡献较低。此外，比较不同煅烧温度 PAC 废渣组发现：随着煅烧温度升高，28 d 抗压强度比呈现先增大后减小的趋势，600 ℃时达到最高，抗压强度比为 85.10%。说明煅烧温度为 600 ℃时 PAC 废渣具有最大的火山灰活性。

煅烧温度为900 ℃时PAC废渣自身发生了“团聚”现象，说明PAC废渣内部有部分物质发生了熔融。结合粒度分析，发现此时的PAC废渣粒径最大，影响其内部活性物质的释放，但是根据化学成分的分析结果，发现900 ℃时PAC废渣中CaO的含量最多，能够在水泥水化的同时生成$Ca(OH)_2$，这也是900 ℃煅烧的PAC废渣组的早期强度比均高于300 ℃、600 ℃和常温组的主要原因。

总体来说，煅烧后的PAC废渣28 d抗压强度比介于74%～86%之间，均超过了《用于水泥中的火山灰质混合材料》(GB/T 2487—2022)[107]中规定的活性指数临界值，属于水泥基材料中较为优质的辅助掺合料。

基于文献[108]中的评价火山灰活性效应的方法，对煅烧后的PAC废渣胶砂的相关性能指标的计算结果如下。

(2) PAC废渣胶砂试件的比强度和比强度系数计算结果如下。

煅烧后的PAC废渣胶砂试件比强度和比强度系数分别见表3-6和表3-7。

表3-6　PAC废渣胶砂试件比强度 R　单位：MPa

试件编号	试验分组	抗折比强度			抗压比强度		
		7 d	14 d	28 d	7 d	14 d	28 d
H0	纯水泥	0.064	0.071	0.077	0.359	0.427	0.507
H1	常温PAC废渣	0.071	0.085	0.094	0.349	0.442	0.543
H6	300 ℃煅烧PAC废渣	0.080	0.088	0.091	0.450	0.505	0.576
H7	600 ℃煅烧PAC废渣	0.087	0.093	0.096	0.475	0.546	0.616
H8	900 ℃煅烧PAC废渣	0.082	0.089	0.092	0.483	0.519	0.602
H9	粉煤灰	0.073	0.091	0.103	0.370	0.477	0.608

表3-7　PAC废渣胶砂试件比强度系数 φ

试件编号	试验分组	抗折比强度系数			抗压比强度系数		
		7 d	14 d	28 d	7 d	14 d	28 d
H0	纯水泥	1.000	1.000	1.000	1.000	1.000	1.000
H1	常温PAC废渣	1.109	1.197	1.221	0.972	1.035	1.071
H6	300 ℃煅烧PAC废渣	1.250	1.239	1.182	1.253	1.183	1.136
H7	600 ℃煅烧PAC废渣	1.359	1.310	1.247	1.323	1.279	1.215
H8	900 ℃煅烧PAC废渣	1.281	1.254	1.195	1.345	1.216	1.187
H9	粉煤灰	1.141	1.282	1.338	1.031	1.117	1.199

比强度系数 φ 小于1，说明胶砂试件中加入掺合料后的强度发展低于纯

水泥组，掺合料阻碍了水泥的水化作用，比强度系数 φ 越低，掺合料活性程度越低；比强度系数 φ 大于 1，说明胶砂试件中加入掺合料后的强度发展高于纯水泥组，掺合料促进了水泥的水化作用，比强度系数 φ 越高，掺合料活性程度越高。

由表 3-7 可以看出：煅烧后的 PAC 废渣组抗折比强度系数 φ 均大于 1，说明掺加高温煅烧后的 PAC 废渣，对水泥抗折强度的提高具有促进作用。抗压比强度系数除常温 PAC 废渣组 7 d 时的小于 1，其他组均大于 1，说明常温 PAC 废渣对早期的试件抗压强度发展具有不利影响，主要原因是：常温 PAC 废渣颗粒内部的活性物质尚未得到释放，在碱性环境中才能激发其内部活性成分，而水泥水化早期碱性不强，不足以激发 PAC 废渣的活性，因此 7 d 抗压比强度系数小于 1；不同温度煅烧后的 PAC 废渣组的比强度 R 和比强度系数 φ 的发展趋势与表 3-5 一致，二者原因相同，此处不再重复。

(3) PAC 废渣火山灰效应的强度贡献率计算结果如下。

火山灰效应的强度贡献率 ψ 是反映掺合料对试件强度发展贡献大小的重要参数。试件各个龄期的强度由水泥和掺合料共同提供；对比组试件水泥用量均相同，相同龄期水泥水化提供的强度是相同的，不同的是掺合料所提供的强度。试件火山灰效应的强度贡献率 ψ 为正值且越大时，说明掺合料对试件强度发展的贡献越大，掺合料的活性越高；反之，负值越小则说明贡献越小，活性越低。

表 3-8 PAC 废渣火山灰效应的强度贡献率 ψ 单位：%

试件编号	试验分组	抗折比强度贡献率			抗压比强度贡献率		
		7 d	14 d	28 d	7 d	14 d	28 d
H0	纯水泥	0.000	0.000	0.000	0.000	0.000	0.000
H1	常温 PAC 废渣	9.859	16.471	22.078	−2.865	3.513	6.630
H6	300 ℃煅烧 PAC 废渣	20.000	19.318	15.385	20.222	15.446	11.979
H7	600 ℃煅烧 PAC 废渣	26.437	23.656	19.792	24.421	21.795	17.695
H8	900 ℃煅烧 PAC 废渣	21.195	20.225	16.304	25.673	17.726	15.781
H9	粉煤灰	12.329	21.978	25.243	2.973	10.482	16.612

由表 3-8 可以看出：除常温 PAC 废渣组，抗压强度贡献率 ψ 早期最低（−2.865%），随着龄期的增长不断增大，说明常温 PAC 废渣不利于砂浆早期强度发展；高温煅烧后 PAC 废渣组（300 ℃、600 ℃、900 ℃）则是早期较高（20.222%、24.421%、25.673%），后期随着龄期的增长不断下降，但总体仍高于

常温 PAC 废渣，说明通过高温煅烧的方法来激发 PAC 废渣的活性是完全可行的。

3.3.3 扫描电镜分析

试验对 3 个煅烧温度（300 ℃、600 ℃、900 ℃）的 PAC 废渣组（H6、H7、H8）7 d 和 28 d 的试样进行电镜扫描试验，并与 3.2.4 中的 H0 和 H1 进行比较，试验结果如图 3-3 所示。

(a) H6(7 d)　(b) H6(28 d)

(c) H7(7 d)　(d) H7(28 d)

(e) H8(7 d)　(f) H8(28 d)

图 3-3　试样的微观形貌

由图 3-3 可以看出：7 d 时，较常温 PAC 废渣 H1 组，热活化 PAC 废渣 H6、

H7、H8组的微观结构与纯水泥H0组相似，均生成了大量刺状和草状C-S-H凝胶，以及少量针棒状的钙矾石，水化产物相互交错，说明热活化PAC废渣在前期参与了水泥的水化反应，促进了水化产物的生成；28 d时，热活化PAC废渣H6、H7、H8组的微观结构均比7 d时更致密，水化产物较H1组更丰富，特别是H7组，28 d生成了较多钙矾石，为胶砂试件提供了更多的强度支撑。此外，与H0组相比，热活化后的PAC废渣组28 d水化产物较多，但是整体结构不如纯水泥H0组致密，仍然存在部分PAC废渣未参与反应，这也是热活化PAC废渣组28 d强度低于纯水泥组的原因。

3.4 化学激发剂改善PAC废渣活性

PAC废渣自身活性不高，掺入PAC废渣的水泥砂浆的力学强度增长速度与掺入前相比变缓。通过化学激发剂对掺PAC废渣水泥砂浆进行活性激发，并通过对胶砂的力学强度及微观测试，可揭示化学激发剂对PAC废渣活性改善机制。

3.4.1 试验材料

PAC废渣：本试验采用粒径为0.075 mm以下的粉体PAC废渣。

激发剂：激发剂A和激发剂B。

3.4.2 试件制备和试验配合比

力学测试块根据《建筑砂浆基本性能试验方法标准》(JGJ/T 70—2009)[110]的规定，为尺寸为70.7 mm×70.7 mm×70.7 mm的立方体。试验以掺入粒径为0.075 mm以下的PAC废渣取代15%水泥制成的砂浆试块作为基准组C0，同时以胶凝材料的质量分数单掺和复掺激发剂(单掺掺量为1%、2%、3%、4%、5%、6%，复掺掺量为1%、2%、3%)作为对照组。配合比见表3-9。

表3-9 砂浆配合比

编号	$m_{水泥}$/g	$m_{PAC废渣}$/g	$m_{砂}$/g	$m_{水}$/g	激发剂A	激发剂B
C0	382.5	37.5	1 350	225		
N1	382.5	37.5	1350	225	1%	—
N2	382.5	37.5	1 350	225	2%	—
N3	382.5	37.5	1 350	225	3%	—
N4	382.5	37.5	1 350	225	4%	—

表3-9(续)

编号	$m_{水泥}$/g	$m_{PAC废渣}$/g	$m_{砂}$/g	$m_{水}$/g	激发剂 A	激发剂 B
N5	382.5	37.5	1 350	225	5%	—
N6	382.5	37.5	1 350	225	6%	—
S1	382.5	37.5	1 350	225	—	1%
S2	382.5	37.5	1 350	225	—	2%
S3	382.5	37.5	1 350	225	—	3%
S4	382.5	37.5	1 350	225	—	4%
S5	382.5	37.5	1 350	225	—	5%
S6	382.5	37.5	1 350	225	—	6%
F1	382.5	37.5	1 350	225	1%	1%
F2	382.5	37.5	1 350	225	2%	2%
F3	382.5	37.5	1 350	225	3%	3%

注:字母 N、S 和 F 分别表示单掺激发剂 A、单掺 B 和两者复掺。

3.4.3 试验结果与分析

PAC 废渣砂浆力学性能试验结果见表 3-10。

表 3-10 PAC 废渣砂浆力学性能试验结果

试件编号	激发剂 A	激发剂 B	抗压强度/MPa			
			3 d	7 d	14 d	28 d
C0	0	0	14.2	18.6	24.5	25.0
N1	1%		17.7	22.3	25.6	26
N2	2%		17.6	22.0	25.1	25.7
N3	3%		19.7	24.0	26.4	26.7
N4	4%		21.0	25.0	27.4	27.6
N5	5%		16.0	21.5	23.2	23.5
N6	6%		14.5	19.5	21.5	21.7
S1		1%	17.7	21.6	25.9	26.9
S2		2%	20.0	24.5	27.6	28.1
S3		3%	23.2	29.0	32.9	33.8
S4		4%	19.5	23.5	25.1	26.0
S5		5%	26.4	31.5	34.4	34.6

表3-10(续)

试件编号	激发剂 A	激发剂 B	抗压强度/MPa			
			3 d	7 d	14 d	28 d
S6		6%	24.4	29.2	32.2	32.6
F1	1%	1%	17.6	21.0	22.8	24.2
F2	2%	2%	18.0	23.0	25.4	27.6
F3	3%	3%	26.4	29.2	30.8	32.2

(1) 激发剂 A 掺量对 PAC 废渣砂浆力学性能的影响

掺入激发剂 A 的不同龄期时的砂浆试件的强度随着激发剂 A 掺量的增加而变化，为了揭示激发剂 A 对砂浆试件抗压强度的影响规律，图 3-4 分别绘制了 3 d、7 d、14 d、28 d 时试件随激发剂 A 掺量增加时的强度变化及增长幅度变化趋势。3 d 时基准组 C0 的抗压强度为 14.2 MPa，激发剂 A 掺量在 1%～4%范围内增加时，试件抗压强度递增，N4 的抗压强度达到了最高值 21 MPa，较基准组抗压强度增长了 47.9%，N1、N2、N3 的抗压强度和抗压强度增长率分别为 17.7 MPa、17.6 MPa、19.7 MPa 和 26.6%、24.0%、38.7%。继续增加掺量时，试件的抗压强度则开始下降，N5 和 N6 的抗压强度分别为 16 MPa 和 14.5 MPa，抗压强度增长率为 12.7%和 2.1%，较激发剂 A 低掺量时的抗压强度提升率明显下降。

7 d 时基准组 C0 的抗压强度为 18.6 MPa，N1、N2、N3、N4 的抗压强度分别为 22.3 MPa、22.0 MPa、24.0 MPa、25.0 MPa，抗压强度增长幅度分别为 19.9%、18.3%、29.0%、34.4%，而 N5、N6 的抗压强度为 21.5 MPa、19.5 MPa，强度增长率提升幅度下降为 15.6%、4.8%。

14 d 时基准组 C0 的抗压强度为 24.5 MPa。与 7 d 抗压强度发展规律相似，N1～N4 的强度增长率为正值，依次为 4.5%、2.4%、7.8%、12.2%，抗压强度分别为 25.6 MPa、25.1 MPa、26.4 MPa、27.4MPa，N4 的抗压强度最大；N5 和 N6 的抗压强度增长率为−5.2%和−12.2%，较 7 d 时的抗压强度增长率更低，抗压强度分别为 23.2 MPa 和 21.5 MPa。

28 d 时基准组 C0 的抗压强度为 25.0 MPa。随着激发剂 A 掺量的增加，抗压强度的提升率分别为 4.0%、2.8%、6.8%、10.4%、−6.0%和−13.2%，N1～N4 的强度提升率均处于较低水平；对比 3 d、7 d、14 d 时的抗压强度增长率来看，激发剂 A 对于 PACRM 后期抗压强度的提升效果不明显，N1～N6 的抗压强度分别为 26.0 MPa、25.7 MPa、26.7 MPa、27.6 MPa、23.5 MPa 和 21.7 MPa，N1～N4 的试块抗压强度变化幅度不大。

由此可知：将激发剂 A 掺入 PAC 废渣砂浆后，砂浆抗压强度总体上呈现先

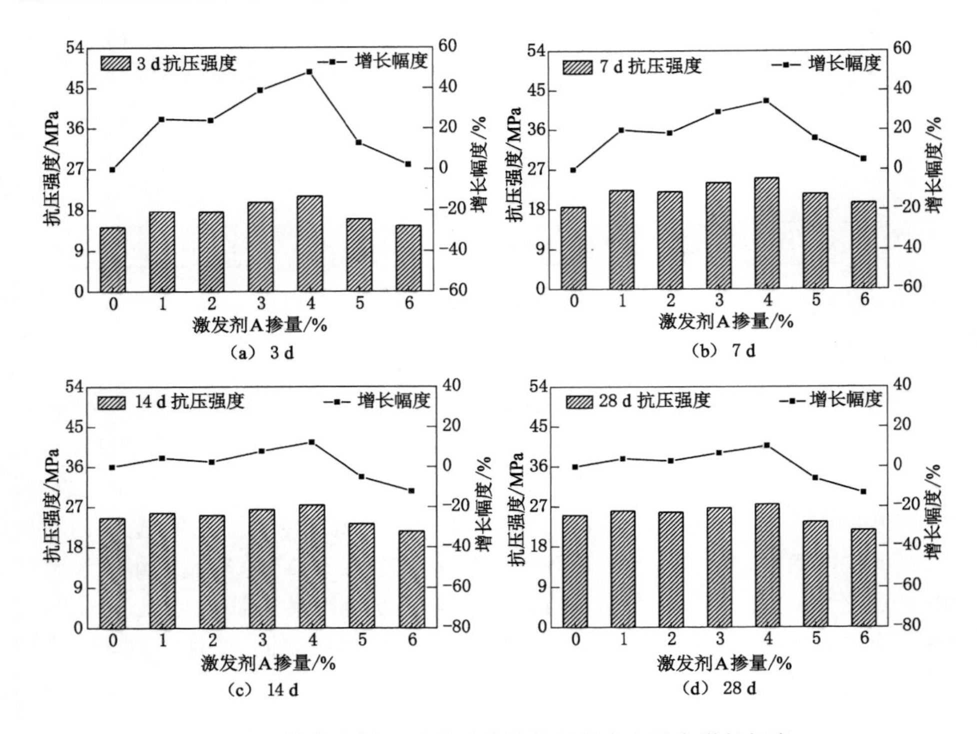

(a) 3 d (b) 7 d (c) 14 d (d) 28 d

图 3-4 掺激发剂 A 砂浆试块的抗压强度和强度增长幅度

增大后减小的趋势，这是因为激发剂 A 作为强碱性的激发剂能加速砂浆中水泥水化的进程，产生大量的水化硅酸钙(C-S-H)凝胶。PAC 废渣中的活性物质与激发剂 A 快速反应，会形成新的水化成核点，导致早期强度发展较快。但是过快的水化反应也会反向影响水化产物的分散，PAC 废渣颗粒表面被水化产物包裹，其内部结构组织不够致密，就表现为 28 d 抗压强度随激发剂 A 掺量增加而发展缓慢[111-113]。

当激发剂 A 掺量为 1%～4%时，试件抗压强度随着激发剂掺量增加而增大，4%时各龄期试件抗压强度达到最大值；同时随着龄期增加，试件抗压强度的提升率逐渐降低，其中 28 d 时的抗压强度的变化幅度最小，说明激发剂 A 掺量变化对 PAC 废渣砂浆后期强度的影响很小。当激发剂 A 掺量为 5%和 6%时，3 d、7 d、14 d、28 d 时的试件抗压强度较基准组抗压强度的提升率较低甚至为负值，抗压强度劣化；且随着龄期增加，抗压强度劣化更加明显，试块抗压强度较基准组损失更大，说明激发剂 A 掺量大于 4%后不利于 PAC 废渣砂浆后期抗压强度的提升。

(2) 激发剂 B 掺量对 PAC 废渣砂浆力学性能的影响

图 3-5 给出了掺有激发剂 B 的 PAC 废渣砂浆试件龄期为 3 d、7 d、14 d、28

d 时的抗压强度变化及强度增长率变化。

龄期为 3 d 时，随着激发剂 B 掺量从 1%增至 3%，试件抗压强度提升率呈线性增长，分别为 24.6%、40.8%、63.4%，S1、S2、S3 的抗压强度分别为 17.7 MPa、20.0 MPa、23.2 MPa，S3 试件的抗压强度达到第一次峰值；增加激发剂 B 掺量后，S4 试件的抗压强度出现第一次下降，为 19.5 MPa，此时抗压强度提升率为 37.3%；继续增大激发剂 B 掺量，S5 的抗压强度达到第二次峰值，抗压强度提升率达到了最大值 85.9%，抗压强度值也达到了最大值 26.4 MPa；S6 的抗压强度出现第二次下降，但是其抗压强度为 24.4 MPa，抗压强度提升率高达 71.8%，各项数值仅次于 S5。

龄期为 7 d 时 S1～S6 的抗压强度及强度提升率分别为 21.6 MPa、24.5 MPa、29.0 MPa、23.5 MPa、31.5 MPa、29.2 MPa 和 16.1%、31.7%、55.9%、26.3%、69.4%、57.0%，S1～S6 抗压强度发展规律与 3 d 抗压强度发展规律相似，也出现了两个峰值与一个下降段，S3 和 S5 为两个强度峰值，S4 为强度下降段。

同样也在 14 d 和 28 d 时得到了与前期抗压强度相似的发展规律，S1～S6 的抗压强度分别为 25.9 MPa、27.6 MPa、32.9 MPa、25.1 MPa、34.4 MPa、32.2 MPa 和 26.9 MPa、28.1 MPa、33.8 MPa、26.0 MPa、34.6 MPa、32.6 MPa，S5 的抗压强度达到了 14 d 和 28 d 时的最大值；抗压强度提升率分别为 5.7%、12.7%、34.3%、2.4%、40.4%、31.4%和 7.6%、12.4%、35.2%、4.0%、38.4%、30.4%。

同时观察对比 S1～S6 后期和 3 d 时的强度提升率发现：S3 的后期强度较 S1、S2 增长迅速，这与 S1～S3 早期强度随激发剂 B 掺量增加呈线性递增不同；当激发剂 B 掺量从 1%增至 2%时，后期强度的增长幅度较小，S3 的抗压强度增长幅度较大，S1 和 S3 的提升率比值从 3 d 时的 2.6 倍到 28 d 时的 4.6 倍。S5 和 S6 的前期及后期强度的发展也有类似规律，即随着龄期增加，S5 和 S6 的后期强度的变化幅度与前期强度的变化幅度相比逐渐变小。

综上来看，将激发剂 B 掺入 PAC 废渣砂浆后，砂浆抗压强度总体上呈现先增大后减小再增大的趋势。当碱性环境存在时，废渣粉体中的活性物质（如 Ca^{2+} 等）会随着 pH 值升高而快速溶出，Na_2SO_4 的存在会使 Ca^{2+} 与砂浆中的硅酸盐和铝酸盐聚合生成钙矾石（AFt）等物质[111]。

$$x\mathrm{CaO}+y\mathrm{SiO_2}+n\mathrm{H_2O}\longrightarrow x\mathrm{CaO}\cdot y\mathrm{SiO_2}\cdot n\mathrm{H_2O}$$

$$2[\mathrm{Al(OH)_4}]^-+3\mathrm{SO_4^{2-}}+6\mathrm{Ca^{2+}}+4\mathrm{OH^-}+26\mathrm{H_2O}\longrightarrow \mathrm{C_3A}\cdot 3\mathrm{CaSO_4}\cdot 32\mathrm{H_2O}$$

除了生成产物中的水化硅酸钙（C-S-H），钙矾石作为一种具有膨胀性的物质[112]，砂浆水泥水化初期其可以填充在 PAC 废渣砂浆内的孔隙中，提高材料密实度，使早期强度明显提高[113-114]。

随着激发剂 B 掺量的增加，强度增长幅度出现下降，可能是因为砂浆中存

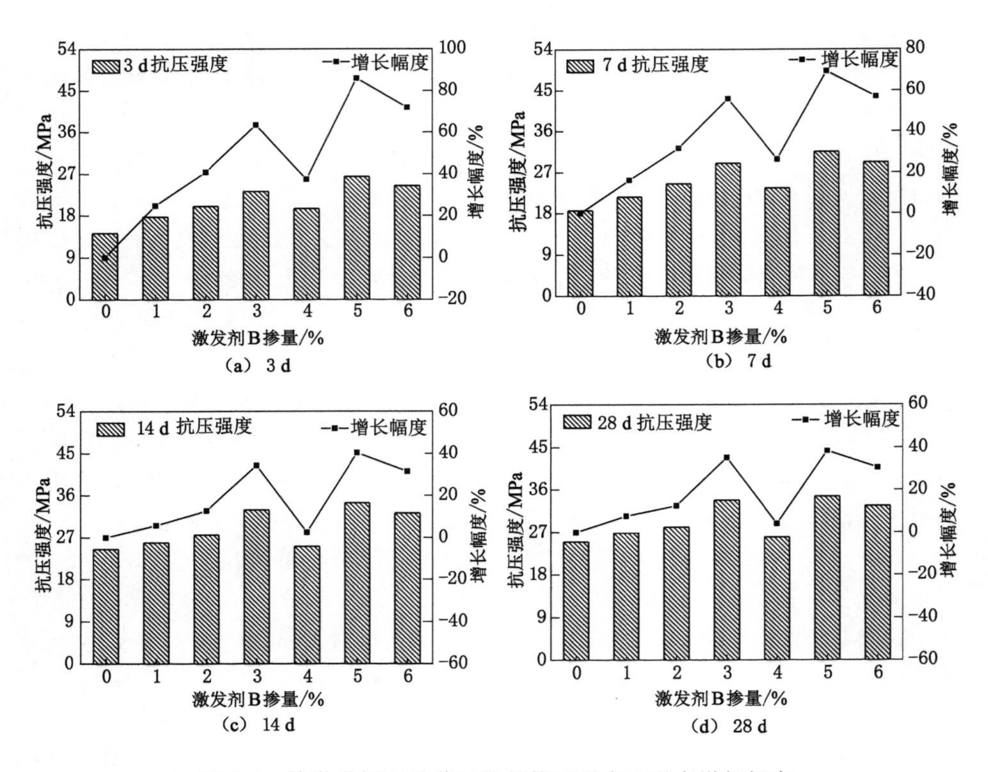

图 3-5 掺激发剂 B 砂浆试块的抗压强度和强度增长幅度

在的钙矾石数量过多,钙矾石(Aft)的材料稳定性低于 C-S-H,随着养护龄期的增长,Aft 因自身膨胀产生的应力会对砂浆基体结构造成破坏,引发裂纹数量增加,强度进而下降。

(3) 复掺激发剂对 PAC 废渣砂浆力学性能的影响

当激发剂 A 和激发剂 B 作为复掺激发剂掺入时,PAC 废渣砂浆试件的强度随激发剂掺量增加呈增大趋势。如图 3-6 所示,3 d 时,F1、F2 的抗压强度较基准组抗压强度有 24.0%和 26.6%的提升,而 F3 的抗压强度和提升率分别为 26.4 MPa 和 86.0%,激发剂 A 和激发剂 B 各 3%时对砂浆抗压强度提升较好。同样的,7 d、14 d、28 d 时,F3 的抗压强度均达到最大值,分别为 29.2 MPa、30.8 MPa、32.2 MPa,后期强度的变化不大;强度提升率随龄期增加呈下降趋势,分别为 59.1%、29.8%、29.2%。7 d 和 14 d 时,F1 和 F2 的抗压强度分别为 21.0 MPa、22.8 MPa 和 23.0 MPa、25.4 MPa,强度提升率分别为 18.8%、-4.1%和 31.7%、8.9%;而 28 d 时 F1 的强度提升率为-3.2%,复掺激发剂导致强度劣化,F2 的强度提升率则为 10.4%。

综上所述，当激发剂 A 和激发剂 B 复掺时，PAC 废渣砂浆的抗压强度呈上升趋势。随着复掺掺量增加，试块强度呈递增趋势，3%的激发剂 A 和 3%的激发剂 B 复掺时，各龄期试块的抗压强度达到最大值。观察发现激发剂复掺，试块早期强度提升幅度较大。其中，当复掺掺量较低时，后期强度提升率会出现下降，甚至出现强度劣化，不利于强度的发展。

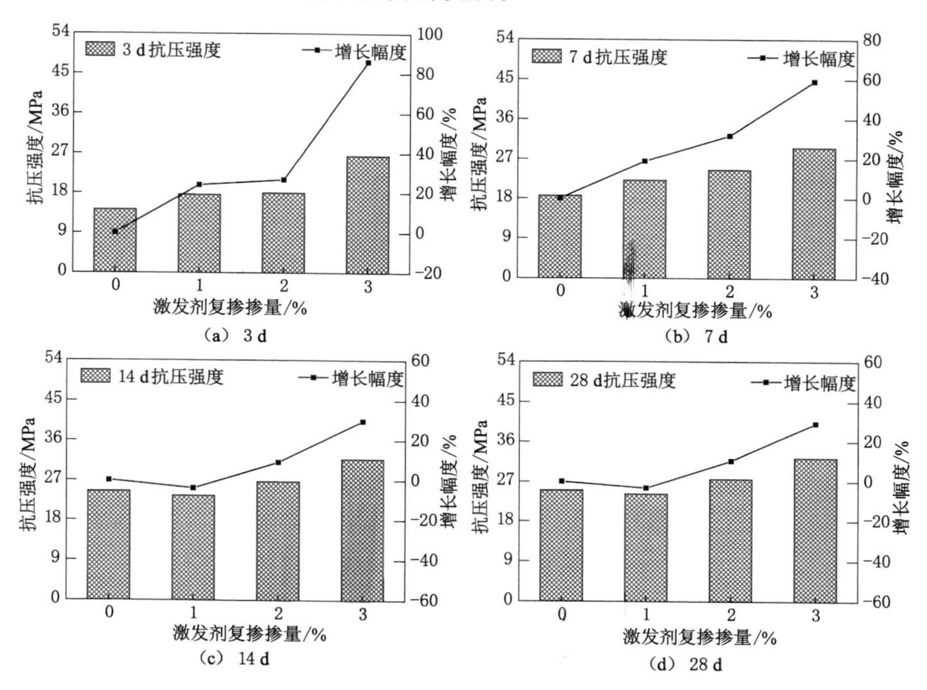

图 3-6　复掺激发剂时砂浆试块的抗压强度和强度增长幅度

3.4.4　扫描电镜分析

针对编号为 C0、N1、N4、N5、S1、S4、S5 和 F3 的试件，进行 SEM 测试观察其龄期为 3 d 和 28 d 的微观形貌，测试结果如图 3-7 和图 3-8 所示。

观察图 3-7 中 3 d 的 SEM 测试结果，基准组 C0 基体结构中的孔隙由少量纤维状的 C-S-H 凝胶填充，基体块状结构上还附着少量的絮状 C-S-H 和板状 $Ca(OH)_2$，此时水化仍在进行中。

同时在相同倍数下对比 C0 与 N1、N4、N5 的微观形貌，发现 N1 纤维状的 C-S-H 数量增加，均填充在砂浆孔隙中，体积较小的块状 $Ca(OH)_2$ 消失不见，说明激发剂 A 的掺入促进了 PAC 废渣砂浆的水化进程。

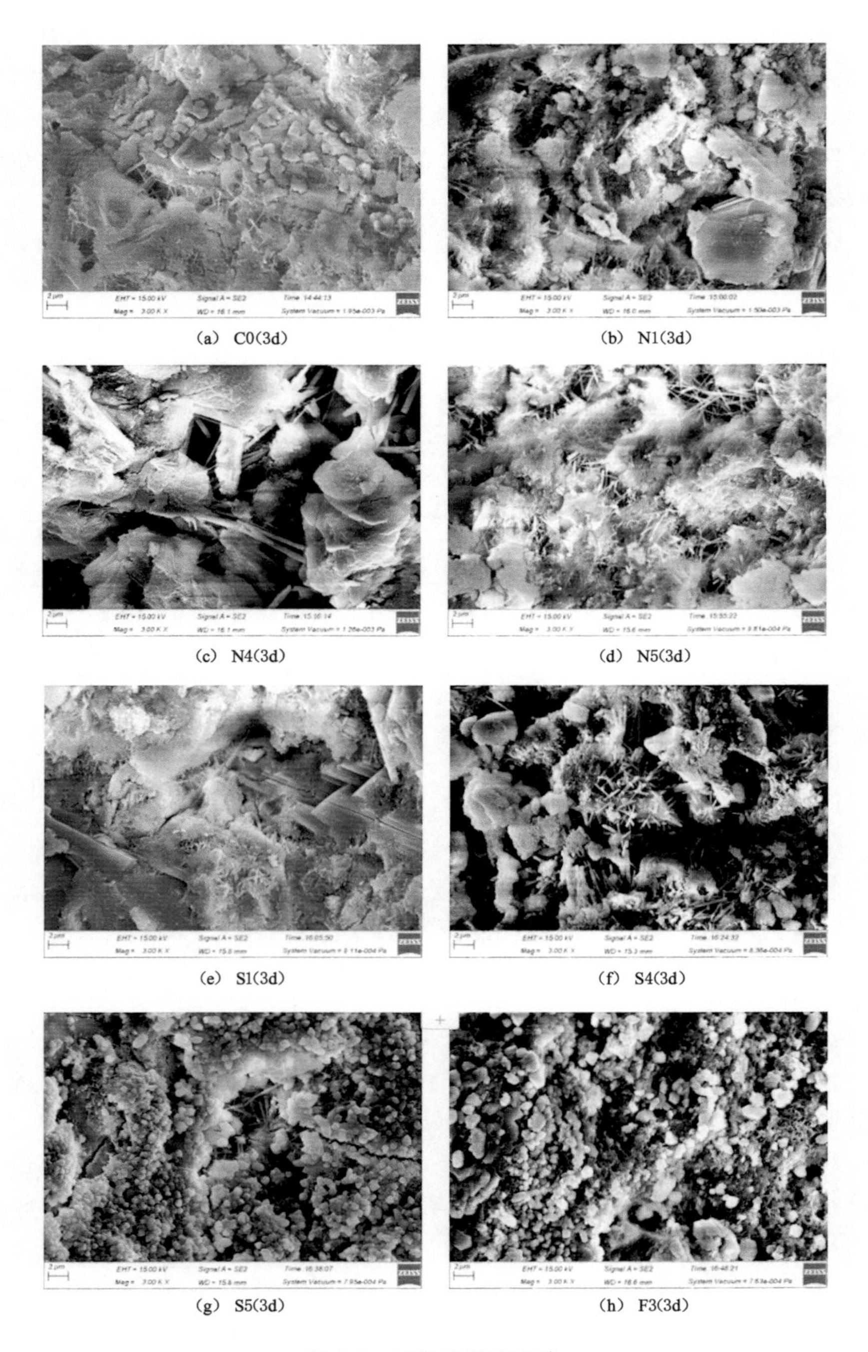

(a) C0(3d)　(b) N1(3d)

(c) N4(3d)　(d) N5(3d)

(e) S1(3d)　(f) S4(3d)

(g) S5(3d)　(h) F3(3d)

图 3-7　试样的微观形貌

N4 展示的是 PAC 废渣颗粒表面被水化产物附着，并有少量的棒状 $Ca(OH)_2$ 从颗粒中贯穿而过，说明随着激发剂 A 掺量增加，PAC 废渣的活性物质得到释放；继续增加激发剂 A 掺量后，N5 中 PAC 废渣颗粒的表面上生成了更多的絮状 C-S-H，且完全包裹了颗粒表面，这会阻止 PAC 废渣材料中活性物质的后续析出，并不利于强度发展。对比 S1、S4、S5 可以发现：S1 的水化产物为附着在基体上的絮状 C-S-H 凝胶和层状 $Ca(OH)_2$，S4、S5 的纤维状凝胶数量增加，填充了基体的孔隙，同时在 S5 上发现了数量较多的葡萄状的 C-S-H 凝胶包裹在 PAC 废渣颗粒上，说明此时激发剂 B 使得 PAC 废渣材料的活性得到提升，对力学性能的改善作用明显。F3 中出现了大量的小块状的 $Ca(OH)_2$，而这些 $Ca(OH)_2$ 就附着在大量的絮状 C-S-H 凝胶上，基体结构中没有孔隙和裂纹出现，因此材料的力学性能达到最优。

在 300 倍(图 3-8)和 3 000 倍(图 3-9)放大倍数下观察 28 d 各组试样的微观结构图发现，C0 的基体结构疏松多孔，仔细观察有絮状的 C-S-H 凝胶填充在孔隙中，块状水化产物为 $Ca(OH)_2$。同样倍数下观察 N1、N4、N5 发现：砂浆基体结构的致密程度逐渐上升，这是砂浆力学性能得到提升的主要原因。随着激发剂 A 掺量的增加，砂浆基体被水化产物包裹良好，但是 N5 的基体结构中出现较为明显的微裂纹，与 N1 的微裂纹不同的是，该部分微裂纹内部被絮状的 C-S-H 凝胶填充着，基体表面发生龟裂现象，这是基体中的钙矾石因为体积膨胀而产生的应力破坏，N5 的水化产物数量明显多于 N1 和 N4，激发剂 A 的掺量存在一个最优的范围。

观察对比 300 倍下的 S1、S4、S5 发现：随着激发剂 B 掺量的增加，砂浆基体结构的致密程度逐渐上升，S5 基体中已没有明显的裂纹和孔洞。继续放大观察，S1 中散落着未聚集成整体的小块 $Ca(OH)_2$，水化产物聚集程度较低，说明此时激发剂掺量太低导致激发效果不好，砂浆基体中还有较宽的裂缝。继续增加激发剂掺量后，S4 和 S5 的水化产物聚集程度良好，S4 中的 PAC 废渣颗粒被水化产物包裹良好，颗粒之间和内部孔隙中还有纤维状的 C-S-H 凝胶连接，保持着较好的黏结力；S5 在 3 000 倍下观察不到明显散落的 PAC 废渣颗粒，只有数量较少的微裂纹，基体表面观察到部分未聚集成整体的正六面体 $Ca(OH)_2$，说明在 5%的激发剂 B 的激发作用下，PAC 废渣与水泥浆体混合为连续且致密的整体，水化产物结晶程度良好，是 PACRM 力学性能得到提升的主要原因。

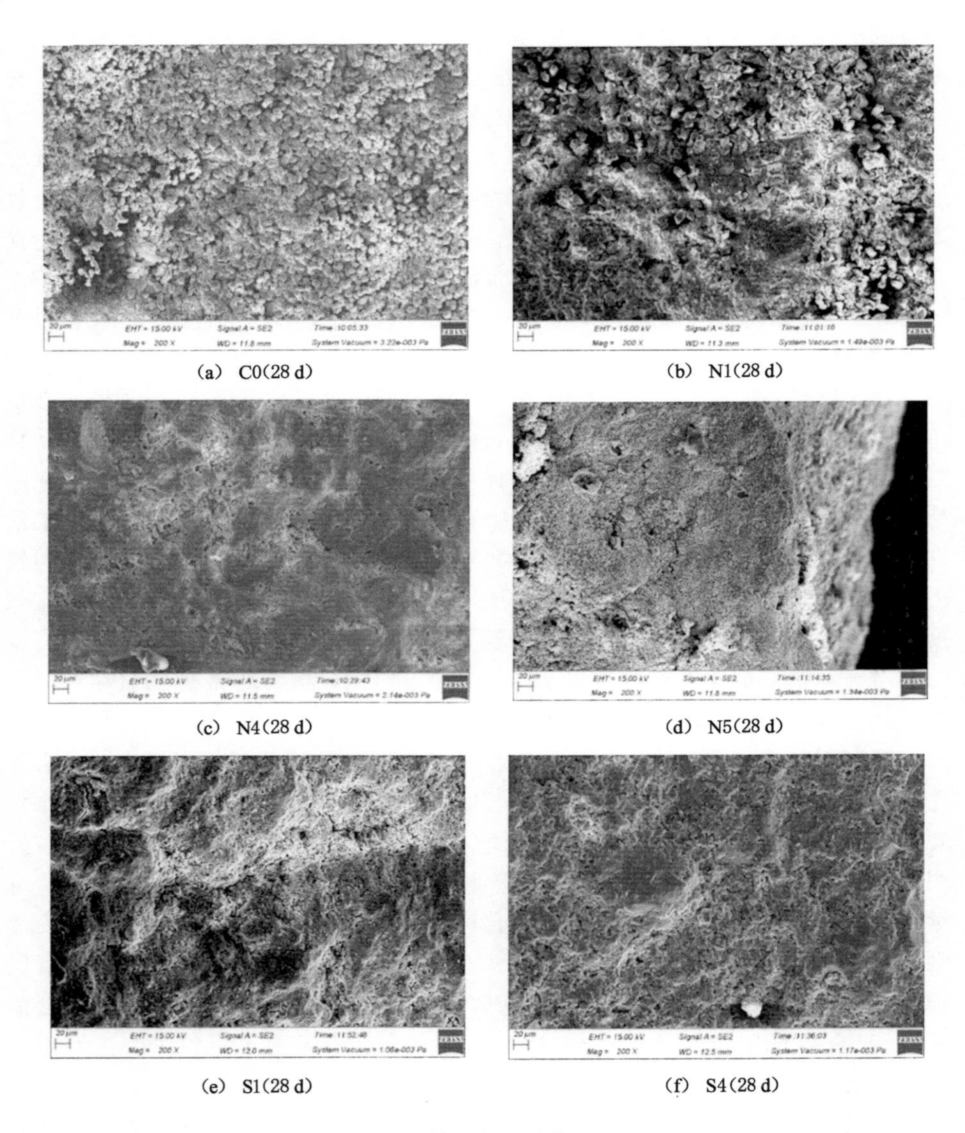

(a) C0(28 d)　(b) N1(28 d)

(c) N4(28 d)　(d) N5(28 d)

(e) S1(28 d)　(f) S4(28 d)

图 3-8　试样的微观形貌(×300)

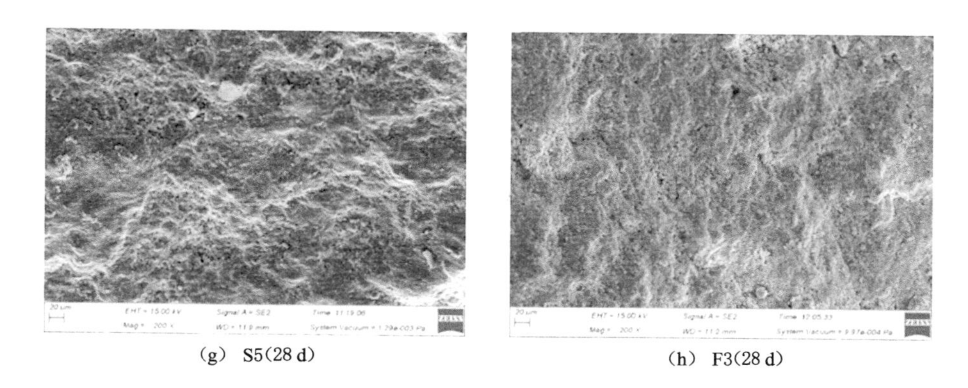

(g) S5(28 d)　　(h) F3(28 d)

图 3-8(续)

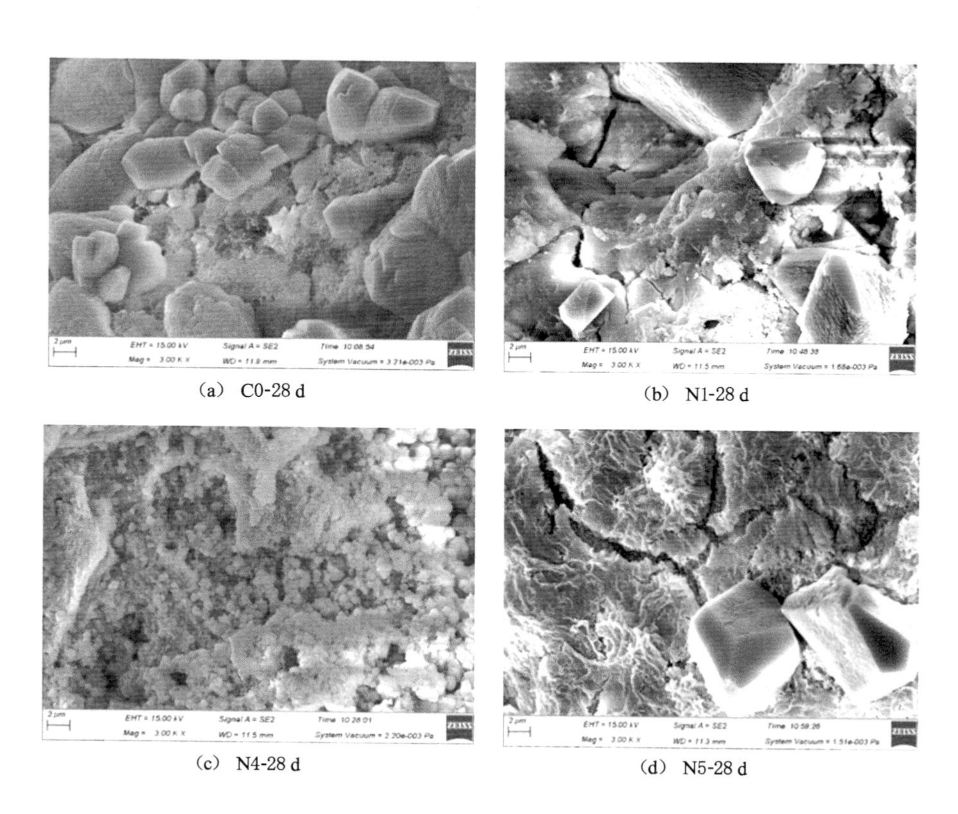

(a) C0-28 d　　(b) N1-28 d

(c) N4-28 d　　(d) N5-28 d

图 3-9　试样的微观形貌(×3 000)

(e) S1-28 d　(f) S4-28 d

(g) S5-28 d　(h) F3-28 d

图 3-9(续)

3.5 本章小结

通过对不同粒径和热活化PAC废渣胶砂强度、比强度系数以及强度贡献率的分析,得出以下结论:

(1) PAC废渣粒径在0.15 mm以下时,28 d抗压强度比为70.48%,高于国家标准《用于水泥中的火山灰质混合材料》(GB/T 2847—2022)中要求的62%,可作为活性掺合料。其中,粒径在0.075 mm以下的PAC废渣28 d抗压强度比最高,为74.96%。

(2) 高温煅烧能够有效提高激发PAC废渣的火山灰活性,PAC废渣28 d活性指数随着煅烧温度的升高呈现先增大后减小的趋势,600 ℃时达到最大值85.10。

(3) 单掺激发剂A时,砂浆抗压强度先增大后减小,单掺激发剂B及激发剂复掺时砂浆抗压强度显著增大。激发剂 A 单掺掺量为 4％时抗压强度提升率达到最大值，3 d、7 d、14 d、28 d 抗压强度分别提高了 47.9％、34.4％、12.2％、10.4％，掺量继续增加会使砂浆强度劣化；激发剂 B 单掺掺量为 5％时抗压强度达到最大值，3 d 和 28 d 的抗压强度提升率分别为 85.9％和 38.4％；激发剂复掺 3％时 3 d、7 d、14 d、28 d 的抗压强度提升率分别为 85.9％、57.0％、45.3％和 29.2％，抗压强度达到最大值。

4 PAC废渣掺量对水泥胶砂强度的影响

为了探究PAC废渣掺量对水泥胶砂强度的影响规律，根据《水泥胶砂强度检验方法（ISO法）》（GB/T 17671—2021）[108]中的方法进行强度测试。PAC废渣粒径选取0～0.075 mm，和粉煤灰（FA）以不同质量取代率（5%、10%、15%、20%、25%、30%）取代水泥加入水泥胶砂中，测试其7 d、28 d抗折强度、抗压强度，分析评定PAC废渣材料的强度变化趋势。在此基础上，结合3.3节中的活性评定方法，对不同掺量PAC废渣和粉煤灰（FA）展开活性评定分析。

4.1 试验设备

本章试验所涉及设备包括制备胶砂试件设备及对砂浆试件抗压强度、抗折强度测定设备，具体的试验内容和测定设备见表4-1。

表4-1 试验内容及测定设备

试验内容	测定设备
PAC废渣粉的制备	颚式破碎机、筛分机、滚筒式球磨机
水泥胶砂试验	水泥胶砂搅拌机、水泥胶砂振实台
抗压抗折试验	抗折抗压试验机

4.2 试验配合比

试件尺寸为40 mm×40 mm×160 mm。试验原材料所用细骨料为ISO标准砂。以0～0.075 mm的PAC废渣等质量取代5%、10%、15%、20%、25%、30%的水泥，掺入水泥胶砂中，作为对照组，试验配合比见表4-2。

表 4-2　水泥胶砂试验配合比

单位:g

编号	$m_{水泥}$	$m_{粉煤灰}$	$m_{PAC废渣}$	$m_{标准砂}$	$m_{水}$
P	450.0	0	0	1 350	225
PACR-5	427.5	0	22.5	1 350	225
PACR-10	405.0	0	45.0	1 350	225
PACR-15	382.5	0	67.5	1 350	225
PACR-20	360.0	0	90.0	1 350	225
PACR-25	337.5	0	112.5	1 350	225
PACR-30	315.0	0	135.0	1 350	225
FA-5	427.5	22.5	0	1 350	225
FA-10	405.0	45.0	0	1 350	225
FA-15	382.5	67.5	0	1 350	225
FA-20	360.0	90.0	0	1 350	225
FA-25	337.5	112.5	0	1 350	225
FA-30	315.0	135.0	0	1 350	225

注:1:P表示基准组;

2:X-Y表示PAC废渣或粉煤灰-质量取代百分数。

4.3　试验结果及分析

表4-3给出了不同PAC废渣和粉煤灰取代率时的砂浆抗压强度、抗折强度及强度比。

表 4-3　试验结果

编号	7 d抗折强度/MPa	强度比	28 d抗折强度/MPa	强度比	7 d抗压强度/MPa	强度比	28 d抗压强度/MPa	强度比
P	6.9	1.00	8.8	1.00	43.4	1.00	60.4	1.00
PACR-5	6.5	0.94	9.0	1.02	39.6	0.91	62.3	1.03
PACR-10	6.2	0.90	8.3	0.91	38.4	0.89	58.3	0.97
PACR-15	5.7	0.83	7.7	0.87	34.3	0.79	54.6	0.90
PACR-20	5.2	0.75	7.2	0.82	31.4	0.72	50.5	0.84
PACR-25	4.9	0.71	6.9	0.79	29.4	0.68	47.3	0.78
PACR-30	4.3	0.62	6.4	0.73	28.9	0.67	44.5	0.74

表4-3(续)

编号	7 d抗折强度/MPa	强度比	28 d抗折强度/MPa	强度比	7 d抗压强度/MPa	强度比	28 d抗压强度/MPa	强度比
FA-5	6.3	0.91	9.3	1.06	37.9	0.87	61.8	1.02
FA-10	6.1	0.88	8.8	1.00	33.8	0.78	59.3	0.98
FA-15	5.6	0.81	8.5	0.97	32.4	0.75	56.5	0.94
FA-20	5.4	0.78	8.2	0.93	31.9	0.74	54.6	0.90
FA-25	5.2	0.75	7.9	0.89	28.2	0.65	54.0	0.89
FA-30	4.5	0.65	7.4	0.84	24.9	0.57	46.8	0.77

4.3.1 PAC废渣掺量对水泥胶砂抗压强度的影响

观察水泥胶砂7 d抗压强度[图4-1(a)]可以发现：随着PAC废渣和粉煤灰掺量的增加，胶砂试块强度持续下降。由图4-1(a)可知：7 d时P组试块的抗压强度最大值为43.4 MPa，而PAC废渣和粉煤灰的取代率在5%～15%之间递增时，试块的抗压强度分别为39.6 MPa、38.4 MPa、34.3 MPa和37.9 MPa、33.8 MPa、32.4 MPa，相同的取代率下PACR组试块抗压强度分别比FA组提高了4.5%、13.6%、5.9%，说明质量取代率在15%以内时，PAC废渣粉体材料对水泥胶砂的早期强度的提升效果优于粉煤灰，这是因为与粉煤灰中光滑的球形颗粒起到的减水效果[115]不同，PAC废渣的颗粒表面呈粗糙多孔状，极易与水泥浆体黏结在一起，粒径较小的颗粒可以填充至浆体的空隙中以降低孔隙率，从而提升水泥胶砂的早期强度。当取代率高于20%时，P组抗压强度下降幅度大于PACR组，PACR-30抗压强度比FA-30高出16%，这是因为大量的PAC废渣取代水泥掺入后，由于其活性较低，并没有完全参与水化反应，只是起到了细骨料的填充作用，从而使抗压强度损失速率降低。

28 d时PACR和FA试块的抗压强度随取代率增大呈现先增大后减小的趋势。P组试块抗压强度为60.4 MPa，取代率为5%时，PACR组抗压强度提升至62.3 MPa，与FA-5强度相近，且高于P组的抗压强度。这是因为在较低的取代率下，水泥胶砂的水灰比变化不大，PAC废渣掺入后主要起微集料作用，填充在胶砂孔隙中，使浆体结构的密实度提高，有利于后期强度发展[116]。取代率继续增大时，水泥胶砂28 d抗压强度开始下降。从图中可以看到PACR组抗压强度急剧下降，取代率为30%时的抗压强度仅为44.5 MPa。PAC废渣粉体28 d的活性指数低于粉煤灰，这可能是由于PAC废渣材料需水量比较大，当废渣取代水泥的量增大后导致砂浆不易密实，试块硬化后内部孔隙较多，导致强度下降迅速。同时水泥用量的减少使得水化产物数量减少，这也是抗压强度下降的直接原因。

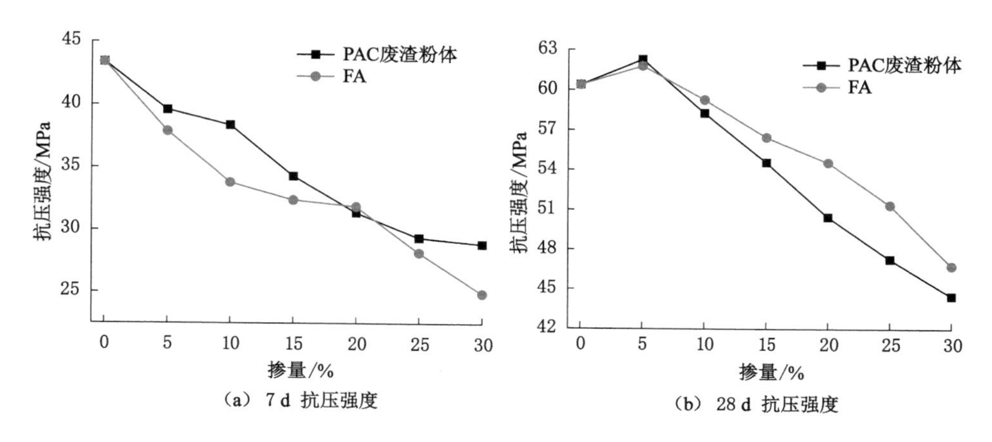

(a) 7 d 抗压强度　　(b) 28 d 抗压强度

图 4-1　掺 PAC 废渣和粉煤灰水泥胶砂抗压强度对比曲线

综上所述，对于 PAC 废渣水泥胶砂抗压强度而言，PAC 废渣取代水泥后，胶砂抗压强度出现不同程度下降。对比相同取代率时的废渣组和粉煤灰组的抗压强度比发现：取代率低于 15%时，PACR 组的抗压强度比与 FA 组相近，其中 5%时 PAC 废渣组高于粉煤灰组。7 d 抗压强度随着 PAC 废渣取代率增大而降低，抗压强度低于基准组但是高于粉煤灰组，PAC 废渣对胶砂 7 d 抗压强度有较好的提升作用。28 d 时 PAC 废渣粉体取代率为 5%时的抗压强度较基准组 3.1%的有提高，取代率继续增大后抗压强度损失较快。

4.3.2　PAC 废渣掺量对水泥胶砂抗折强度的影响

观察图 4-2(a)，水泥胶砂 7 d 抗折强度随着掺合料取代率增大而下降。基准组 7 d 抗折强度达到最大值 6.9 MPa，PAC 废渣的取代率为 5%、10%、15%时试块抗折强度分别为 6.5 MPa、6.2 MPa、5.7 MPa，相同取代率时 FA 组试块抗折强度分别为 6.3 MPa、6.1 MPa、5.6 MPa。这说明取代率低于 15%时，PAC 废渣对水泥胶砂 7 d 抗折强度的提升效果优于粉煤灰，这与对抗压强度提升的原因相同。继续增加掺量后，PACM 组试块抗折强度继续下降，取代率为 30%时抗折强度为 4.3 MPa，低于基准组和 FA 组。

观察图 4-2(b)所示 28 d 抗折强度趋势变化图可知：随着 PAC 废渣和粉煤灰取代率的增大，抗折强度先增大后减小，PACR-5 和 FA-5 分别达到强度峰值 9.0 MPa 和 9.3 MPa，PAC 废渣 5%取代率时对胶砂抗折强度有小幅度提升；孔

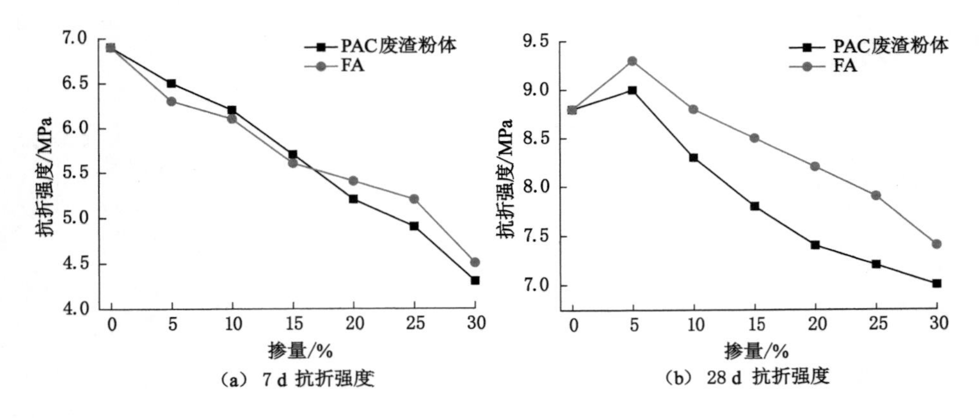

(a) 7 d 抗折强度 (b) 28 d 抗折强度

图 4-2 掺 PAC 废渣和粉煤灰水泥胶砂抗折强度对比曲线

隙的填充是强度出现增长的原因，这与抗压强度的提升原理相近。取代率从 10%升至 30%时，PACR 组抗折强度迅速下降，PACR-30 的抗折强度为 6.4 MPa，较基准组强度损失了 20.5%。

对于 PAC 废渣水泥胶砂抗折强度而言，PAC 废渣粉体取代水泥后胶砂强度整体呈下降趋势；取代率低于 10%时，和粉煤灰组抗折强度相比差距不明显。7 d 抗折强度随取代率增大而降低，取代率低于 15%时抗折强度较高。28 d 时 PAC 废渣粉体 5%的取代率时抗折强度较基准组有 2.3%的提升，大于 5%之后抗折强度下降迅速。可以发现：PACR 水泥胶砂随着废渣取代率增大，不同龄期时的抗折强度和抗压强度变化趋势相近，均在一定范围内有一定的提升，有时高于粉煤灰对照组，说明 PAC 废渣材料作为外掺料具有一定的研究利用价值。

4.3.3 PAC 废渣材料的活性评定

由表 4-3 的试验结果并根据 3.3 节中活性评定方法计算得出不同掺量的 PAC 废渣和粉煤灰(FA)水泥胶砂的比强度、比强度系数、强度贡献率，并依次评定 PAC 废渣的活性。计算结果见表 4-4、表 4-5 和表 4-6。

表 4-4 PACRM 水泥胶砂比强度 R

试件编号	掺合料 /%	水泥 /%	抗折比强度		抗压比强度	
			7 d	28 d	7 d	28 d
P	0	100	0.069	0.088	0.434	0.604
PACR-5	5	95	0.068	0.094 7	0.416 8	0.655 7
PACR-10	10	90	0.068 8	0.092 2	0.426 6	0.647 7

表4-4(续)

试件编号	掺合料/%	水泥/%	抗折比强度		抗压比强度	
			7 d	28 d	7 d	28 d
PACR-15	15	85	0.067 0	0.090 5	0.403 5	0.642 3
PACR-20	20	80	0.065 0	0.09	0.392 5	0.631 25
PACR-25	25	75	0.065 3	0.092	0.392	0.630 66
PACR-30	30	70	0.061 43	0.091 43	0.412 86	0.635 71
FA-5	5	95	0.066 315	0.097 894	0.398 947	0.650 526
FA-10	10	90	0.067 777	0.097 777	0.375 555	0.658 888
FA-15	15	85	0.065 882	0.1	0.381 176	0.664 705
FA-20	20	80	0.067 5	0.102 5	0.398 75	0.682 5
FA-25	25	75	0.069 333	0.105 333	0.376	0.72
FA-30	30	70	0.064 285	0.105 714	0.355 714	0.668 571

表 4-5　PACRM 水泥胶砂比强度系数 φ

试件编号	掺合料/%	水泥/%	抗折比强度系数		抗压比强度系数	
			7 d	28 d	7 d	28 d
P	0	100	1.00	1.00	1.00	1.00
PACR-5	5	95	0.98	1.07	0.96	1.08
PACR-10	10	90	0.99	1.05	0.98	1.07
PACR-15	15	85	0.97	1.03	0.93	1.06
PACR-20	20	80	0.94	1.02	0.90	1.05
PACR-25	25	75	0.94	1.05	0.90	1.04
PACR-30	30	70	0.89	1.04	0.95	1.05
FA-5	5	95	0.96	1.11	0.92	1.08
FA-10	10	90	0.98	1.11	0.86	1.09
FA-15	15	85	0.95	1.14	0.87	1.10
FA-20	20	80	0.97	1.16	0.92	1.13
FA-25	25	75	1.00	1.19	0.87	1.19
FA-30	30	70	0.93	1.20	0.82	1.11

表 4-6　PACRM 水泥胶砂强度贡献率ψ　　　单位:%

试件编号	掺合料	水泥	抗折强度贡献率		抗压强度贡献率	
			7 d	28 d	7 d	28 d
P	0	100	0.00	0.00	0.00	0.00
PACR-5	5	95	−1.47	7.07	−4.13	7.88
PACR-10	10	90	−0.29	4.55	−1.73	6.75
PACR-15	15	85	−2.98	2.76	−7.56	5.96
PACR-20	20	80	−6.15	2.22	−10.57	4.32
PACR-25	25	75	−5.66	4.35	−10.71	4.23
PACR-30	30	70	−12.32	3.75	−5.12	4.99
FA-5	5	95	−4.04	10.11	−8.78	7.15
FA-10	10	90	−1.80	9.99	−15.56	8.33
FA-15	15	85	−4.73	12.00	−13.86	9.13
FA-20	20	80	−2.22	14.15	−8.84	11.50
FA-25	25	75	0.48	16.45	−15.43	16.11
FA-30	30	70	−7.33	16.75	−22.01	9.66

综合来讲,混合料的比强度系数是评价活性的主要参数[115]。当 $\varphi>1$ 时,说明掺合料的加入对于混合料中水泥强度的发展高于纯水泥砂浆中水泥强度的发展,掺合料对水泥水化起到了促进作用。试件各个龄期的强度由水泥用量和掺合料用量两个部分共同组成,不同配合比时水泥用量不同,不能简单地用试件的强度来判断掺合料的活性大小。引入强度贡献率来表示该种掺合料的活性大小,ψ为正值时,ψ值越大说明强度贡献越大,相反,ψ为负值时,数值越大说明贡献越小。φ 和ψ可以共同用来评价某种材料的活性大小。

不同取代率时水泥胶砂火山灰效应抗压比强度系数如图 4-3 所示。

由图 4-3 可知:PACR 砂浆试件 7 d 时的抗压比强度系数较低,数值小于 1,说明 PAC 废渣掺合料的掺入对水泥胶砂中的胶凝材料水化进程没有促进作用,活性较低,且比强度系数随取代率的增大而降低;28 d 时 PACR 砂浆试件的抗压比强度系数均为正值,取代率为 5%时达到最大值,说明 PAC 废渣对水泥胶砂中的水化进程起促进作用,继续增大 PAC 废渣的取代率,比强度系数均大于 1,可见 PAC 废渣对水泥胶砂后期强度起到了一定程度的提升作用。分析 PACR 砂浆试件和 FA 砂浆试件的抗压强度贡献率发现:其变化规律与抗压比强度系数发展规律相似,说明 PAC 废渣粉体与粉煤灰一样,也具有一定的潜在火山灰效应,对砂浆内部水化进程和胶砂强度发展均有一定的促进作用。

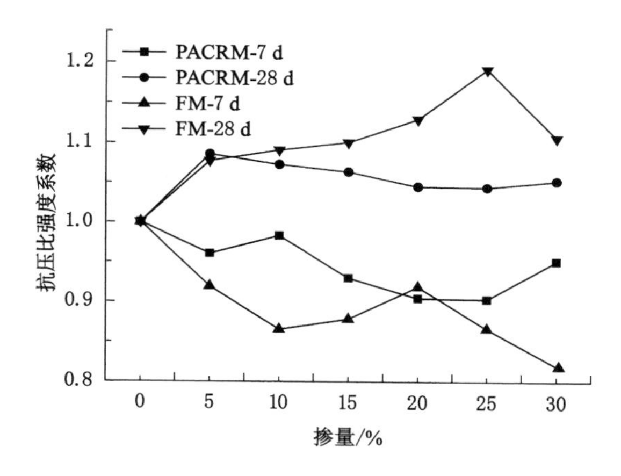

图 4-3 抗压比强度系数

4.4 本章小节

通过对比不同 PAC 废渣取代率时水泥胶砂的抗压强度，并对废渣进行活性评定，得到以下结论：

(1) 随着 PAC 废渣取代率增大，胶砂 7 d 强度显著下降，28 d 强度先增大后减小。胶砂 7 d 的抗折强度比和抗压强度比达到最小值，分别为 0.62 和 0.67。当取代率为 5%时，胶砂 28 d 的抗折强度和抗压强度有小幅度提高，强度提升率分别为 2%和 3%。低取代率时 PAC 废渣在砂浆中主要起微集料作用，填充砂浆的孔隙，提高浆体结构的密实度和胶砂强度。取代率增大后，胶砂需水量增大，胶砂硬化后的内部孔隙增加，胶砂强度显著下降。

(2) PAC 废渣对胶砂后期强度的发展贡献较大。胶砂 28 d 抗压比强度系数大于 1，抗压强度贡献率随着废渣取代率增大先增大后减小，取代率为 5%时废渣对抗折强度、抗压强度的贡献率达到最大值，分别为 7.07%和 7.88%。PAC 废渣具有一定的潜在活性，对胶砂的水化进程有促进作用。

5 基于水泥替代法的PAC废渣砂浆性能研究

本章基于水泥替代法，即PAC废渣等质量替代水泥，研究PAC废渣对砂浆性能的影响规律。为了研究基于水泥替代法掺PAC废渣对砂浆强度、孔结构参数和抗冻融性能的影响规律，以水灰比、PAC废渣质量掺量作为控制变量，进行了砂浆稠度试验、立方体抗压强度试验、孔结构试验以及抗冻融试验。并结合第4章热活化PAC废渣的试验结果，进一步探讨了PAC废渣煅烧温度对砂浆抗压强度的影响规律。本章系统阐述了基于水泥替代法PAC废渣质量掺量对砂浆稠度、抗压强度、孔结构及抗冻融性能的影响规律。

5.1 试验设备

本研究所涉及设备包括砂浆制备与砂浆各项性能测试的试验设备，具体试验内容和测定设备见表5-1。

表5-1 试验内容及测定设备

试验内容	测定设备
砂浆稠度	砂浆稠度仪
砂浆制备	强制式搅拌机
抗压强度试验	压力机
孔结构试验	烘干箱、电子秤、恒温水箱
抗冻融试验	冻融循环试验机
微观界面	扫描电子显微镜(SEM)

5.2 配合比设计

5.2.1 水泥替代法砂浆配合比设计

为了探究基于水泥替代法 PAC 废渣对砂浆抗压强度、孔结构参数和抗冻融性能的影响规律，以水灰比、PAC 废渣质量掺量、高效减水剂用量百分比为控制变量，设计符合试验要求的砂浆配合比。配合比设计方案见表 5-2。

表 5-2 水泥替代法砂浆配合比设计

浆体体积百分比	45%
水灰比 （水与水泥＋PAC 废渣的质量百分比）	0.8、0.9、1.0
PAC 废渣质量掺量 （PAC 废渣与水泥＋PAC 废渣的质量百分比）	0、5%、10%、15%、20%
高效减水剂用量百分比 （减水剂质量与水泥＋PAC 废渣的质量百分比）	以砂浆的稠度处于 70～100 mm 范围内的用量为基准

根据表 5-2 配合比设计方案要求，本部分共计 15 组（3×5＝15），不同配合比时的各组分材料用量见表 5-3。

表 5-3 水泥替代法砂浆配合比 单位：kg/m³

编号（X-Y）	单位体积材料用量			
	水泥	水	PAC 废渣	细骨料
1.0-0	342.0	342	0	1 411
1.0-5	324.9	342	17.1	1 411
1.0-10	307.8	342	34.2	1 411
1.0-15	290.7	342	51.3	1 411
1.0-20	273.6	342	68.4	1 411
0.9-0	370.0	333	0	1 411
0.9-5	351.5	333	18.5	1 411
0.9-10	333.0	333	37.0	1 411

表5-3(续)

编号(X-Y)	单位体积材料用量			
	水泥	水	PAC 废渣	细骨料
0.9-15	314.5	333	55.5	1 411
0.9-20	296.0	333	74.0	1 411
0.8-0	402.0	323	0	1 411
0.8-5	381.9	323	20.1	1 411
0.8-10	361.8	323	40.2	1 411
0.8-15	341.7	323	60.3	1 411
0.8-20	321.6	323	80.4	1 411

注:编号 X-Y 表示水灰比-PAC 废渣掺量。

5.2.2 热活化砂浆配合比设计

本试验砂浆配合比基于表 5-3 所示砂浆配合比进行设计,选取每个水灰比所对应的最大质量掺量,以水灰比和煅烧温度(300 ℃、600 ℃、900 ℃)为控制变量,探究 PAC 废渣热活化温度对砂浆抗压强度的影响规律。本部分共计 9 组(3×3=9),不同配合比时各组分材料用量见表 5-4。

表 5-4 热活化 PAC 废渣砂浆配合比 单位:kg/m^3

编号(X-Y-Z)	单位体积材料用量			
	水泥	水	PAC 废渣	细骨料
1.0-20-300 ℃	273.6	342	68.4	1 411
1.0-20-600 ℃				
1.0-20-900 ℃				
0.9-20-300 ℃	296.0	333	74.0	1 411
0.9-20-600 ℃				
0.9-20-900 ℃				
0.8-20-300 ℃	321.6	323	80.4	1 411
0.8-20-600 ℃				
0.8-20-900 ℃				

注:编号 X-Y-Z 表示水灰比(水灰比)-PAC 废渣掺量-PAC 废渣热活化温度。

5.3 砂浆稠度和抗压强度

5.3.1 PAC 废渣掺量对砂浆稠度的影响

为确保砂浆具有良好的工作性能，本研究以稠度试验的结果作为衡量砂浆工作性能的指标。需要说明的是，在正式试配中发现水灰比为 0.8、PAC 废渣掺量为 20%时，在未使用减水剂的条件下砂浆稠度仍能达到 75 mm，符合试验设定的稠度要求。以此推测水灰比较高、掺量小于 20%时，砂浆稠度仍能符合试验要求，因此本章中所有试验所制备的砂浆均未使用减水剂，各组砂浆试验结果见表 5-5。

表 5-5 砂浆试验结果

编号(X-Y)	稠度/mm	减水剂量/%	7 d 抗压强度/MPa	28 d 抗压强度/MPa	56 d 抗压强度/MPa
1.0-0	98	0	13.3	18.5	20.9
1.0-5	96		12.6	19.0	21.5
1.0-10	93		11.4	18.1	20.5
1.0-15	89		10.2	16.5	18.8
1.0-20	84		8.7	15.1	17.3
0.9-0	94	0	16.1	21.9	24.1
0.9-5	92		15.3	22.5	24.7
0.9-10	88		14.4	21.3	23.7
0.9-15	84		13.3	19.8	21.9
0.9-20	79		11.8	18.1	20.1
0.8-0	91	0	18.5	25.7	28.4
0.8-5	88		17.8	26.6	29.1
0.8-10	83		16.9	25.1	28.2
0.8-15	80		15.5	23.5	26.2
0.8-20	75		13.8	21.5	24.0

注：编号 X-Y 表示水灰比-PAC 废渣掺量。

PAC 废渣对砂浆稠度的影响如图 5-1 所示。由图 5-1 可以看出：不同水灰比(1.0、0.9、0.8)时，砂浆流动性变化规律一致，均随着 PAC 废渣掺量的增加，稠度逐渐降低，当 PAC 废渣掺量为 20%时达到最小值，分别为 84 mm、79 mm、

75 mm，相较未掺 PAC 废渣的基准组（1.0、0.9、0.8）分别降低了 14.29%、15.96%、17.58%。

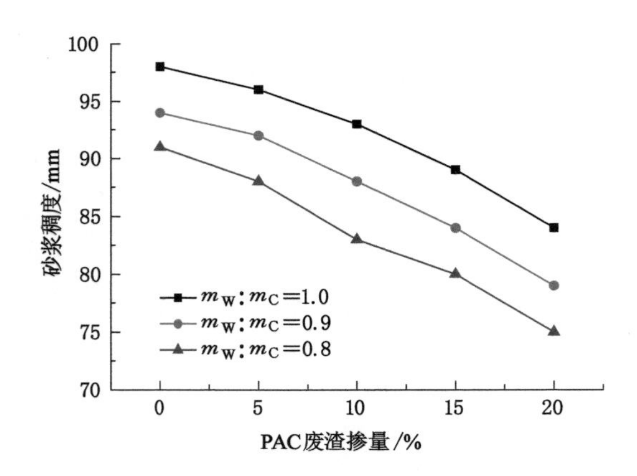

图 5-1　PAC 废渣掺量对砂浆稠度的影响

PAC 废渣导致砂浆稠度下降，这主要是因为：(1) PAC 废渣颗粒的微观形貌。PAC 废渣颗粒表面粗糙，外形极不规则，颗粒之间的摩擦力较大，在颗粒之间起润滑作用的水随掺量增加而增大。(2) PAC 废渣颗粒表面呈现多孔结构，对水的吸附能力较强，具有良好的保水性能，随着 PAC 废渣掺量的增加，PAC 废渣颗粒会吸附浆体中的水，影响砂浆流动性。(3) 常温下 PAC 废渣粉中有许多有机质和含碳颗粒，有机质和含碳颗粒的存在不仅会影响砂浆的流动性，还会影响砂浆强度的发展。

5.3.2　PAC 废渣掺量对抗压强度的影响

根据表 5-5 中的试验数据绘制了不同龄期砂浆抗压强度随 PAC 废渣掺量增加的变化曲线，如图 5-2 所示。

图 5-2 将 7 d、28 d 和 56 d 砂浆的抗压强度进行对比，可以看出：不同水灰比砂浆强度的变化规律一致。砂浆 7 d 的抗压强度变化如图 5-2(a)所示，随着 PAC 废渣掺量的增加，砂浆的抗压强度呈现下降趋势。例如水灰比为 0.8 时，由表 5-5 的第 4 列可知：相较于基准组砂浆强度 18.5 MPa，PAC 废渣掺量为 5%、10%、15%、20%时，抗压强度分别为 17.8 MPa、16.9 MPa、15.5 MPa 和 13.8 MPa，抗压强度增长率分别为－3.78%、－8.65%、－16.22%和－25.41%，这说明 PAC 废渣对砂浆的早期抗压强度会造成不利影响，而且随着掺量的增加，抗压强度下降幅度越大。

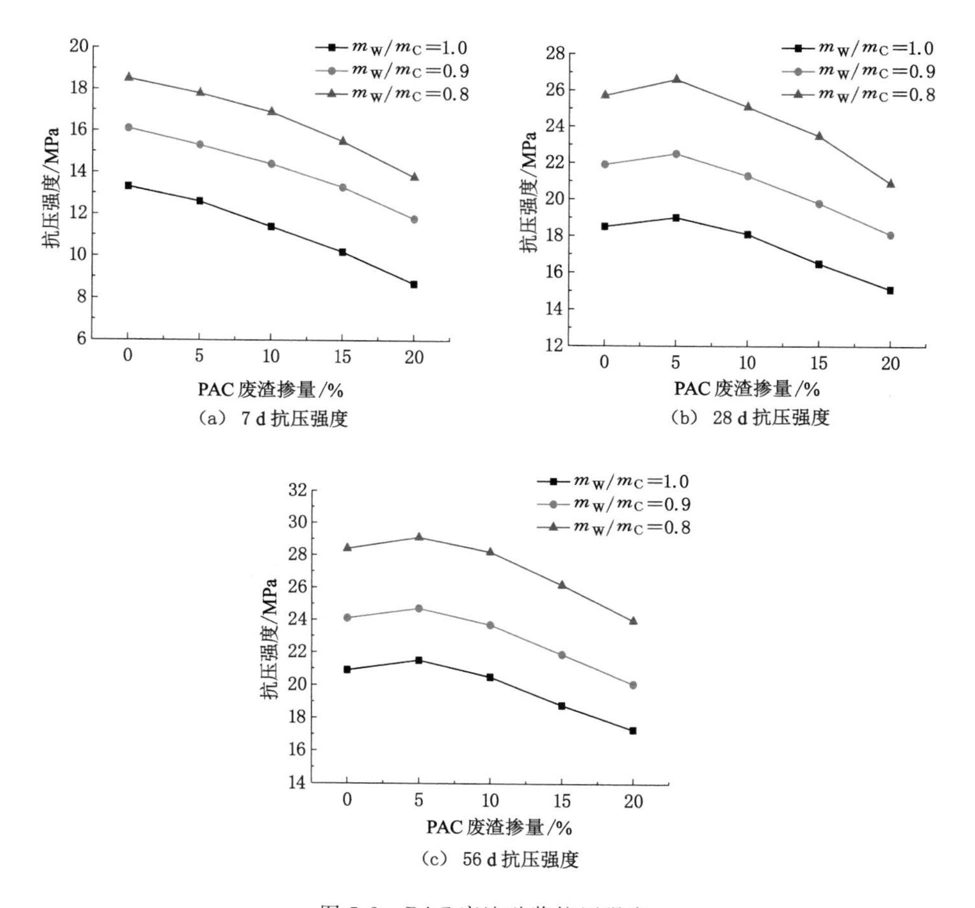

(a) 7 d抗压强度

(b) 28 d抗压强度

(c) 56 d抗压强度

图 5-2　PAC废渣砂浆抗压强度

图5-2(b)和图5-2(c)分别为砂浆28 d和56 d的抗压强度变化曲线，随着PAC废渣掺量的增加，砂浆抗压强度呈现先增大后减小的趋势。同样以水灰比为0.8为例，由表5-5的第5列和第6列可知：相较于基准组砂浆强度25.7 MPa和28.4 MPa，抗压强度均在PAC废渣掺量为5%时达到最大，分别为26.6 MPa和29.1 MPa，强度增长率分别为3.50%和2.47%。需要说明的是，PAC废渣掺量为10%的砂浆28 d和56 d抗压强度分别为25.1 MPa和28.2 MPa，与28 d和56 d基准组砂浆抗压强度25.7 MPa和28.4 MPa相比差别不大，说明PAC废渣替代水泥质量在10%以内时，砂浆后期抗压强度仍能达到甚至高于普通砂浆(即未掺PAC废渣的砂浆)的后期抗压强度。与7 d砂浆抗压强度随掺量增加相比，28 d和56 d的抗压强度发展规律也说明PAC废渣

对砂浆的后期抗压强度的增强效果优于早期的增强效果。

砂浆早期强度随着PAC废渣掺量的增加而下降，后期强度随着掺量增加呈先增大后减小的趋势，出现这种现象的原因是：一是PAC废渣属于具有潜在活性的胶凝材料，取代了部分水泥后，早期水泥水化产物$Ca(OH)_2$较少，PAC废渣发生水化反应的程度较弱，PAC废渣在掺量较少的情况下，其主要作用是填充骨料与水泥之间的孔隙，起到“微集料”作用[118-119]，弥补了一部分强度损失。随着PAC废渣掺量的增加，水泥量减少，水化产物较少造成的强度损失越来越大。二是随着龄期增长，砂浆中生成了大量的C-S-H凝胶和$Ca(OH)_2$，PAC废渣颗粒表面粗糙多孔，水化产物会附着在PAC废渣颗粒表面，降低水化产物的离子浓度，如Ca^{2+}，促进水化反应的进行。随着Ca^{2+}浓度的下降，PAC废渣颗粒附近的OH^-增加，碱性环境较强，PAC废渣颗粒表面被腐蚀，内部的活性物质得到释放，进而发生二次水化反应生成AFt，提高砂浆强度，此时的PAC废渣主要起到了“微晶核”效应[120-121]，但这种“微晶核”效应只在PAC废渣掺量较少的情况下最明显，随着PAC废渣掺量的增加，这种效应所产生的效果远低于水泥熟料自身水化为砂浆提供的强度，因此砂浆强度随着PAC废渣掺量增加而下降。

5.3.3 龄期对抗压强度的影响

不同水灰比各个龄期砂浆抗压强度的试验结果见表5-6。

由表5-6的第5列可知：掺PAC废渣砂浆7 d至28 d抗压强度的增幅为47%～74%，而基准组砂浆7 d至28 d抗压强度的增幅为36%～40%，小于掺PAC废渣组。例如，水灰比为0.8时，PAC废渣掺量为0%、5%、10%、15%、20%时，抗压强度增幅分别为38.9%、49.4%、48.5%、51.6%、55.8%。由表5-6的第6列可知：砂浆28 d至56 d抗压强度的增幅整体小于7 d至28 d抗压强度的增幅，主要是因为56 d水泥中大部分化学物质已水化完全，所以砂浆后期强度不会出现大幅度增加，但是掺PAC废渣组砂浆的强度增幅仍略大于基准组，说明掺PAC废渣不仅不会使砂浆的后期强度下降，还有利于砂浆后期强度的发展。

表5-6 不同龄期砂浆抗压强度

编号(X-Y)	7 d抗压强度/MPa	28 d抗压强度/MPa	56 d抗压强度/MPa	强度提升率$\left(\frac{28\ d抗压强度}{7\ d抗压强度}\right)$/%	强度增长率$\left(\frac{56\ d抗压强度}{28\ d抗压强度}\right)$/%
1.0-0	13.3	18.5	20.9	139.1	113.0
1.0-5	12.6	19.0	21.5	150.8	113.2
1.0-10	11.4	18.1	20.5	158.8	113.3

表5-6(续)

编号(X-Y)	7 d抗压强度/MPa	28 d抗压强度/MPa	56 d抗压强度/MPa	强度提升率 $\left(\frac{28\text{ d抗压强度}}{7\text{ d抗压强度}}\right)$/%	强度增长率 $\left(\frac{56\text{ d抗压强度}}{28\text{ d抗压强度}}\right)$/%
1.0-15	10.2	16.5	18.8	161.7	113.9
1.0-20	8.7	15.1	17.3	173.6	114.6
0.9-0	16.1	21.9	24.1	136.0	110.1
0.9-5	15.3	22.5	24.7	147.1	109.8
0.9-10	14.4	21.3	23.7	147.9	111.3
0.9-15	13.3	19.8	21.9	148.9	110.6
0.9-20	11.8	18.1	20.1	153.4	111.1
0.8-0	18.5	25.7	28.4	138.9	110.5
0.8-5	17.8	26.6	29.1	149.4	109.4
0.8-10	16.9	25.1	28.2	148.5	112.4
0.8-15	15.5	23.5	26.2	151.6	111.5
0.8-20	13.8	21.5	24.0	155.8	111.6

注:编号 X-Y 表示水灰比-PAC 废渣掺量。

此外,由表 5-6 可以看出:在 PAC 废渣掺量相同的情况下,砂浆试件不同龄期抗压强度均随着水灰比的增大而减小,这主要是因为水泥基材料的抗压强度由水灰比控制,水灰比越高,砂浆中所含的水越多,当水参与水泥水化反应被消耗或者自然蒸发后,砂浆中原先水的位置除一部分会被水化产物填充,其他部分变成孔隙,砂浆抗压的孔隙率增大,密实度降低,砂浆抗压强度因此下降。

为了进一步探讨不同水灰比时 PAC 废渣掺量和龄期与砂浆抗压强度之间的相互作用关系是否一致,采用多元非线性回归分析的方法[122-123],以 PAC 废渣掺量和水灰比为自变量,抗压强度为因变量,定义关系式(5-1):

$$f_{\mathrm{m,cu}}(x,y)=ax^2+by^2+cxy+dx+ey+f \tag{5-1}$$

式中 $f_{\mathrm{m,cu}}(x,y)$——砂浆试件抗压强度,MPa;

x——PAC 废渣掺量,%;

y——龄期,d。

根据式(5-1)得到不同水灰比时 PAC 废渣掺量和龄期与砂浆强度的关系如图 5-3 所示。

由图 5-3 所示拟合曲线可得到不同水灰比时砂浆抗压强度发展的曲线方程,即

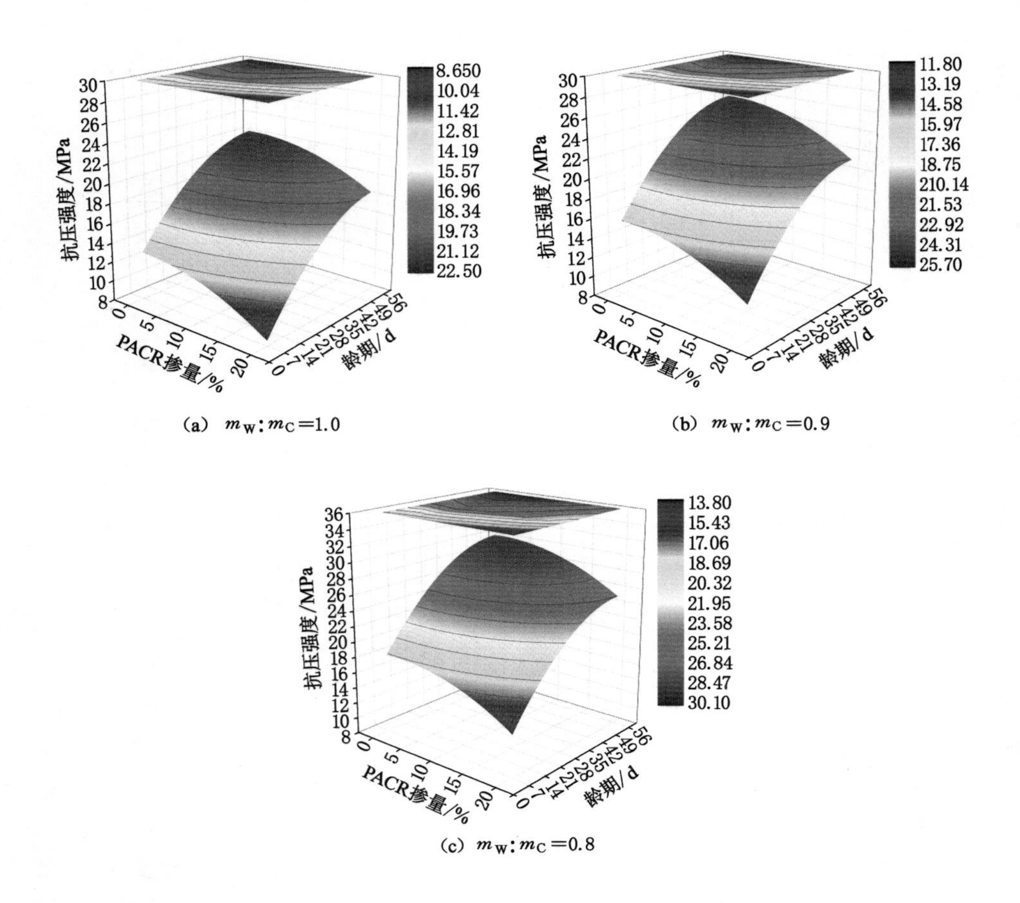

(a) $m_W:m_C=1.0$

(b) $m_W:m_C=0.9$

(c) $m_W:m_C=0.8$

图 5-3 砂浆抗压强度发展多元回归曲线

$$\begin{cases} f_{m,cu}(x,y)=-1.05\times10^{-2}x^2-3.58\times10^{-3}y^2+6.33\times10^{-4}xy \\ \qquad -1.50\times10^{-2}x+0.414y+10.19 \quad (m_W:m_C=1,R^2=0.992\ 12) \\ f_{m,cu}(x,y)=-1.15\times10^{-2}x^2-4.04\times10^{-3}y^2-9.65\times10^{-4}xy \\ \qquad -2.21\times10^{-2}x+0.454y+12.72 \quad (m_W:m_C=0.9,R^2=0.992\ 53) \\ f_{m,cu}(x,y)=-1.51\times10^{-2}x^2-4.81\times10^{-3}y^2-2.16\times10^{-4}xy \\ \qquad -6.48\times10^{-2}x+0.545y+14.56 \quad (m_W:m_C=0.8,R^2=0.994\ 14) \end{cases} \tag{5-2}$$

由式(5-2)可以看出：不同水灰比时砂浆抗压强度与PAC废渣掺量和龄期的变化规律基本一致，二次多元回归方程的拟合系数拟合度(R^2)均在0.99以上，这意味着该数学方程式是对PAC废渣掺量和龄期与砂浆抗压强度之间相互作用的定量描述，并且适用于不同水灰比。

5.3.4 热活化温度对抗压强度的影响

不同于常温 PAC 废渣，煅烧后的 PAC 废渣的组成较为复杂，本试验分别对其 7 d、14 d、28 d 和 56 d 的抗压强度进行测定，并对每组水灰比所对应的掺常温 PAC 废渣的砂浆抗压强度进行测试。不同水灰比掺热活化 PAC 废渣砂浆抗压强度随龄期的变化曲线如图 5-4 所示。

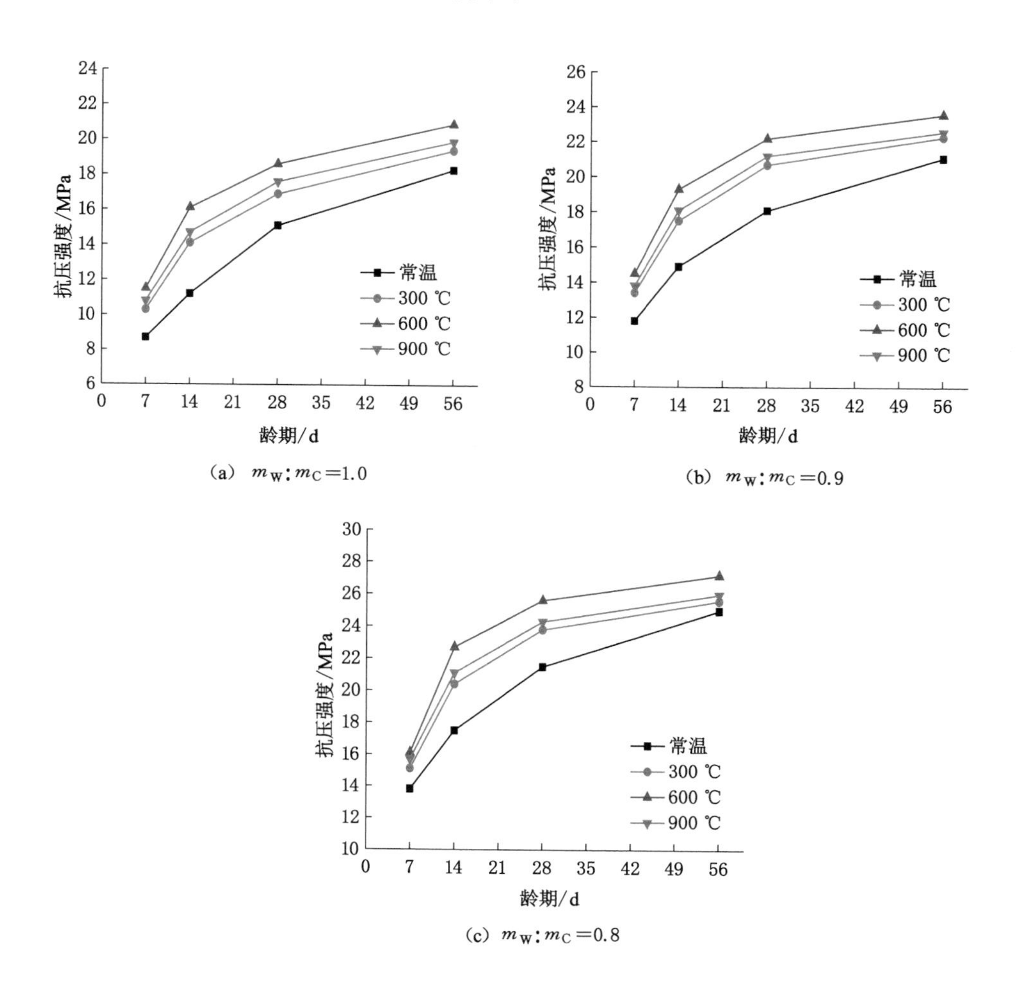

图 5-4 热活化 PAC 废渣砂浆抗压强度随龄期的变化曲线

由图5-4可以看出：不同水灰比砂浆抗压强度随热活化温度和龄期的变化规律基本一致。不同龄期的试件抗压强度均在PAC废渣煅烧温度为600 ℃时达到最高，而且掺热活化PAC废渣砂浆的抗压强度均高于掺常温PAC废渣砂浆抗压强度，具体各温度下的砂浆抗压强度由大到小的顺序为：600 ℃、900 ℃、300 ℃、常温。结合表5-4中数据，以水灰比为0.8为例，热活化温度为300 ℃、600 ℃和900 ℃时，砂浆7 d强度分别为15.1 MPa、16.1 MPa和15.7 MPa，分别高于常温砂浆抗压强度13.8 MPa的9.42%、16.67%和13.77%；砂浆28 d抗压强度分别为23.8 MPa、25.6 MPa和24.3 MPa，分别高于常温砂浆抗压强度21.5 MPa的10.70%、19.07%和13.02%，不同龄期砂浆抗压强度均随着热活化温度升高呈现先增大后减小的趋势，14 d和56 d同样如此。

黏土类矿物加热时主要存在两个活性温度区和一个活性降低区[123-124]，中温活性区（600～950 ℃）、高温活性区（1 200～1 700 ℃）和活性降低区（900～1 400 ℃）。本研究对PAC废渣热活化温度为300～900 ℃。大部分黏土类矿物加热温度为600 ℃时，晶体被破坏变成非晶体从而具有活性，但是随着温度升高，某些组分又重新结晶，进而活性逐渐降低。以此推测砂浆抗压强度出现先增大后减小的变化趋势的主要原因是：600 ℃时，此时PAC废渣中晶体类的矿物成分分解，产生的活性物质最多，所以此时的砂浆抗压强度最高；温度升高到900 ℃时，一些活性物质又开始重结晶，PAC废渣中的活性物质减少，进而导致抗压强度下降；0～300 ℃时，PAC废渣中有机质和含碳颗粒减少，废渣也失去了自由水和部分结合水，相当于降低了水灰比，所以砂浆抗压强度有所提高；900 ℃时，砂浆强度略高于300 ℃，主要是因为900 ℃时PAC废渣中杂质和水分大幅度减少，试验中称量PAC废渣时，原材料中的活性物质高于300 ℃时的，相对的强度也较高。

为了量化分析PAC废渣热活化温度对砂浆抗压强度的发展影响，本试验以水灰比为0.8为例，选用韦伯（Weber）方程模型[124-125]对掺热活化PAC废渣砂浆强度曲线进行拟合分析，其中韦伯方程模型的函数表达式为：

$$f_{cu}(t_i,T_i)=f_{cu,T_i}(1-e^{-\beta t}) \tag{5-3}$$

式中 $f_{cu}(t_i,T_i)$——掺热活化处理的PAC废渣砂浆不同龄期的抗压强度，MPa；

f_{cu,T_i}——掺热活化PAC废渣砂浆56 d的抗压强度，MPa；

t_i——养护龄期，d；

T_i——热活化温度，℃；

β——常数。

根据式(5-3)得到了掺热活化处理的PAC废渣砂浆抗压强度随龄期变化的曲线方程，如图5-5所示。

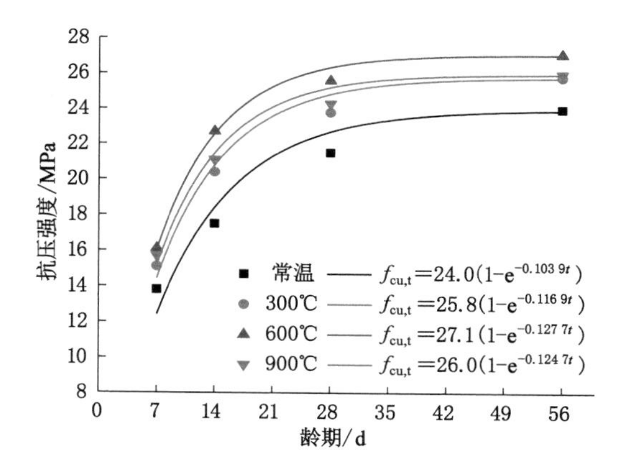

图 5-5 热活化 PAC 废渣砂浆抗压强度拟合曲线

$$\begin{cases} f_{cu,t}=24.0(1-e^{-0.103\,9t}) & (R^2=0.930\,78,\text{常温}) \\ f_{cu,t}=25.8(1-e^{-0.116\,9t}) & (R^2=0.974\,81,300\ ℃) \\ f_{cu,t}=27.1(1-e^{-0.127\,7t}) & (R^2=0.991\,92,600\ ℃) \\ f_{cu,t}=26.0(1-e^{-0.124\,7t}) & (R^2=0.979\,35,900\ ℃) \end{cases}$$

式中 $f_{cu,t}$——不同龄期砂浆的抗压强度，MPa。

由上述拟合分析的结果可知：拟合结果中的常数 β 与砂浆 56 d 抗压强度变化规律相同，均随着热活化温度呈现先增大后减小的趋势。为了探讨热活化温度、时间常数以及砂浆 56 d 抗压强度之间的关系，将常数 β 和砂浆 56 d 抗压强度与热活化温度的关系进行进一步拟合，如图 5-6 所示。

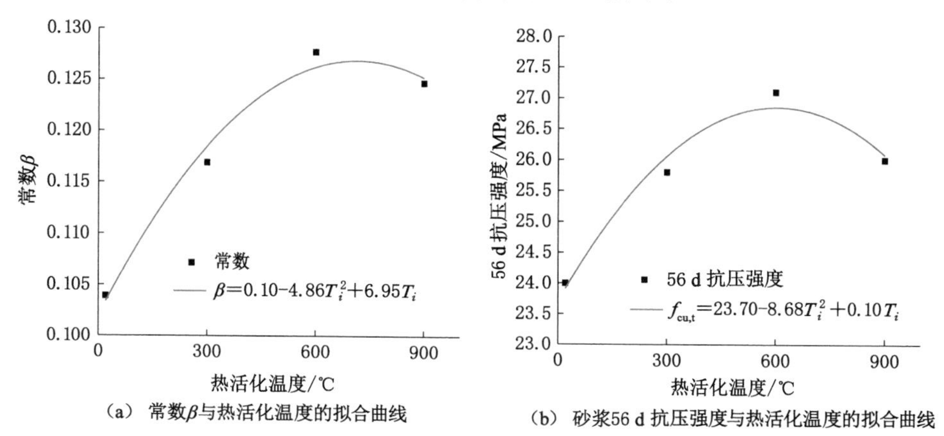

图 5-6 常数 β 和砂浆 56 d 抗压强度与热活化温度的拟合曲线

由图5-6中的拟合结果可知：

$$\beta=0.10-4.86T_i^2+6.95T_i \tag{5-4}$$

$$f_{cu,T_i}=23.70-8.68T_i^2+0.10T_i \tag{5-5}$$

将式(5-4)和式(5-5)代入式(5-3)中，可得到砂浆抗压强度随PAC废渣热活化温度和龄期增长的曲线方程：

$$f_{cu}(t_i,T_i)=(23.70-8.68T_i^2+0.10T_i)\times[1-e^{-(0.10-4.86T_i^2+6.95T_i)}] \tag{5-6}$$

5.4 砂浆孔结构参数和抗冻融性能

5.4.1 PAC废渣对砂浆孔结构参数的影响

本试验参照文献[126-127]中的方法，试件尺寸为70.7 mm×70.7 mm×70.7 mm，利用间断称量法测定试件在水中(水需提前在室内放置24 h)浸泡0.25 h、1 h、24 h后在空气中的质量，记为$m_{0.25\,h}$、$m_{1\,h}$、$m_{24\,h}$，最后根据吸水动力学模型公式(5-7)和式(5-8)计算出试件的最大吸水率W_{max}、孔径均匀性系数α及平均孔径λ等特征参数。

吸水动力学原理[129]：通过毛细孔吸水的方法来测量砂浆孔结构参数的方法，建立直圆柱形毛细孔的砂浆孔结构模型。在相同温度下，研究水在毛细孔中运动的规律，当砂浆发生毛细孔吸附时，水在砂浆毛细孔中的运动存在着一定的微分关系。之后经过勃罗塞尔对砂浆发生毛细孔吸水现象的进一步研究，发现吸水曲线具有平稳的指数函数特征，根据该特征将其表述为下述公式：

$$W_t=W_{max}(1-e^{-\lambda_1 t^\alpha}) \tag{5-7}$$

$$W_t=W_{max}[1-e^{-(\lambda_2 t)^\alpha}] \tag{5-8}$$

式中 W_t——经过t小时后试件的质量吸水率，%；

W_{max}——试件的最大质量吸水率，%；

λ——毛细孔的平均孔径，λ值为λ_1和λ_2的算术平均值，λ值越大则表示平均孔径越大。

试件的最大质量吸水率W_{max}、孔径均匀性系数α及平均孔径λ见表5-7。

根据表5-7中的试验数据绘制了PAC废渣掺量对砂浆质量吸水率W_{max}、孔径均匀性系数α以及平均孔径λ的影响规律如图5-7所示。

表 5-7 砂浆孔结构参数结果

PAC 废渣掺量/%	$m_W : m_C=1.0$			$m_W : m_C=0.9$			$m_W : m_C=0.8$		
	W_{max}	α	λ	W_{max}	α	λ	W_{max}	α	λ
0	0.141	0.643	0.685	0.130	0.657	0.631	0.120	0.674	0.582
5	0.138	0.654	0.666	0.127	0.670	0.624	0.119	0.686	0.558
10	0.149	0.632	0.739	0.136	0.651	0.697	0.125	0.657	0.630
15	0.153	0.619	0.748	0.142	0.634	0.732	0.130	0.641	0.693
20	0.154	0.599	0.806	0.146	0.612	0.779	0.132	0.635	0.742

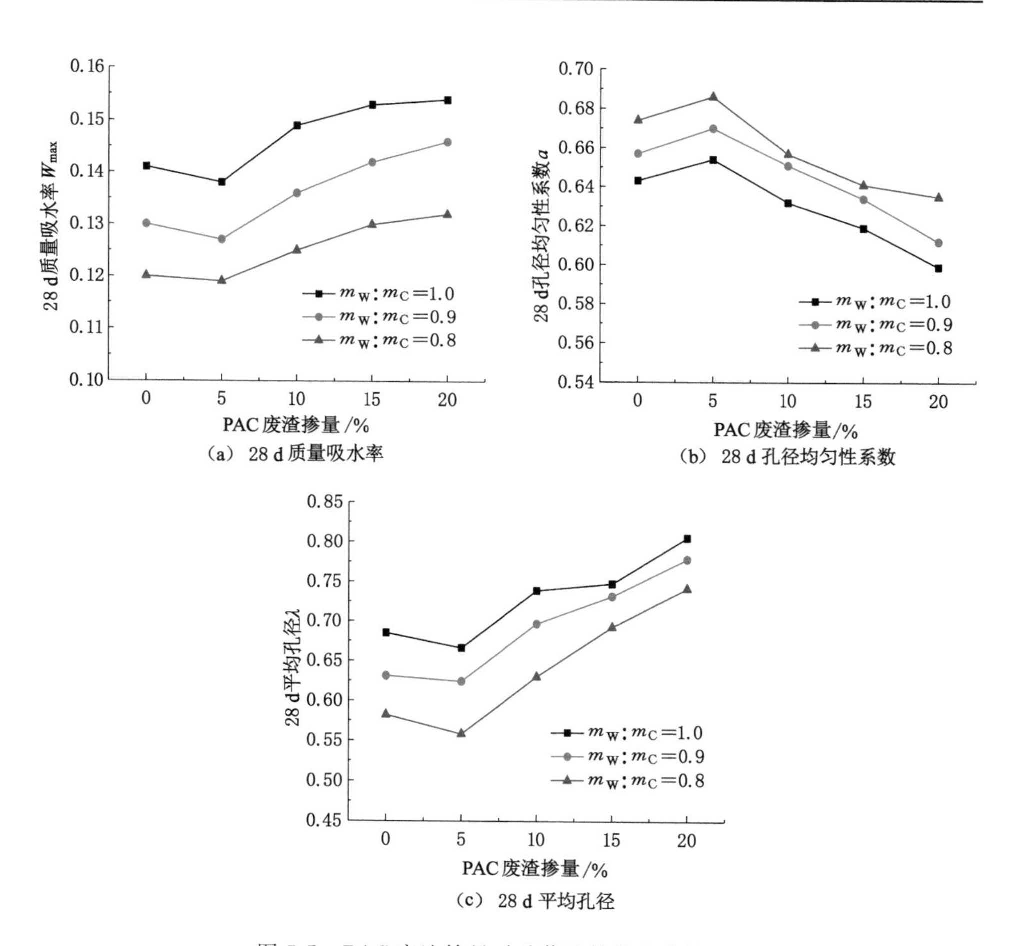

(a) 28 d 质量吸水率

(b) 28 d 孔径均匀性系数

(c) 28 d 平均孔径

图 5-7 PAC 废渣掺量对砂浆孔结构参数的影响

图 5-7(a)为砂浆试件 28 d 的质量吸水率 W_{max}，随着 PAC 废渣掺量的增加，不同水灰比砂浆试件的质量吸水率均呈现先减小后增大的变化趋势，PAC 废渣掺量为 5%时最低，此时水灰比为 1.0、0.9 和 0.8 时的吸水率 W_{max} 分别为 0.138、0.127 和 0.119，说明 PAC 废渣掺量为 5%时能够有效减小砂浆试件的孔隙率，最大程度减少试件中的开口孔隙。随着 PAC 废渣掺量的增加，质量吸水率逐渐增大，当 PAC 废渣掺量超过 15%时，试件的质量吸水率 W_{max} 趋于稳定。图 5-7(b)为砂浆试件 28 d 的孔径均匀性系数 α，随着 PAC 废渣掺量的增加，不同水灰比砂浆试件的孔径均匀性系数均呈现先增大后减小的趋势，PAC 废渣掺量为 5%时最高，此时水灰比为 1.0、0.9、0.8 时的孔径均匀性系数 α 分别为 0.654、0.670、0.686，说明 PAC 废渣掺量为 5%时砂浆试件的孔径最均匀，随着 PAC 废渣掺量的增加，孔径均匀性系数也随着增大，说明少量的 PAC 废渣能够有效改善试件的孔均匀性。图 5-7(c)为砂浆试件 28 d 的平均孔径 λ，随着 PAC 废渣掺量的增加，不同水灰比时砂浆试件的平均孔径均呈现先减小后增大的变化趋势，PAC 废渣掺量为 5%时最低，此时水灰比为 1.0、0.9、0.8 时的平均孔径 λ 分别为 0.666、0.624 和 0.558，说明 PAC 废渣掺量为 5%时砂浆试件的平均孔径最小，随着 PAC 废渣掺量的增加，平均孔径也随之增大，说明少量的 PAC 废渣能够有效降低试件的平均孔径。

由此可知：不同水灰比时砂浆试件的最大质量吸水率 W_{max}、孔径均匀性系数 α 以及平均孔径 λ，随着 PAC 废渣掺量增加的变化规律是一致的，均在 PAC 废渣掺量为 5%时，各项参数达到最优，主要是由于 PAC 废渣的粒径处于水泥和骨料之间，少部分的掺入能够优化砂浆的微级配，改善砂浆的孔结构，提高砂浆的密实度。

5.4.2 PAC 废渣对砂浆抗冻融性能的影响

不同水灰比时砂浆试件的质量损失率随着冻融循环次数增加的试验结果见表 5-8。

表 5-8 砂浆质量损失率　　单位：%

PAC 废渣掺量	$m_W : m_C=1.0$			$m_W : m_C=0.9$			$m_W : m_C=0.8$		
	5 次	10 次	15 次	5 次	10 次	15 次	5 次	10 次	15 次
0	−0.57	−0.60	−0.26	−0.49	−0.52	−0.22	−0.41	−0.49	−0.17
5	−0.51	−0.48	0.12	−0.44	−0.40	0.18	−0.35	−0.30	0.22
10	−0.62	−0.57	0.11	−0.57	−0.55	0.15	−0.44	−0.49	0.19

表5-8(续)

PAC 废渣掺量	$m_W:m_C=1.0$			$m_W:m_C=0.9$			$m_W:m_C=0.8$		
	5 次	10 次	15 次	5 次	10 次	15 次	5 次	10 次	15 次
15	−0.87	−0.69	0.09	−0.81	−0.65	0.13	−0.72	−0.60	0.16
20	−0.99	−0.87	——	−0.93	−0.83	0.09	−0.86	−0.77	0.12

由表 5-8 可以看出:冻融循环初期,不同水灰比砂浆试件的质量损失均为负值,表示砂浆的质量增大。随着冻融循环试验的进一步推进,砂浆质量损失率开始逐渐增大;当冻融循环达到 15 次时,除基准组外,掺 PAC 废渣组砂浆的质量开始损失,质量损失率表现为正值,尤其是水灰比为 1.0 时,掺 20%PAC 废渣砂浆试件已破坏。出现上述现象的原因是:试验中砂浆的水灰比较大,砂浆试件内部的孔隙较多,冻融初期,砂浆孔隙中的水分被冻结,砂浆内部出现裂缝,砂浆吸水导致质量增加,随着冻融循环次数增加,砂浆表面出现脱落、缺角、碎块掉落甚至贯穿性的裂缝等现象,导致质量损失加大,如图 5-8 所示。在相同冻融循环次数下,冻融初期不同水灰比砂浆试件的质量损失的绝对值均随着 PAC 废渣掺量的增加而增大,而且除了 PAC 废渣掺量为 5%时的绝对值略小于基准组,其他组质量损失的绝对值均高于基准组,当冻融次数达到 15 次、砂浆的质量损失为正值时,随着 PAC 废渣掺量的增加而减小。出现这种现象的原因是:砂浆中掺入 PAC 废渣替代水泥,实际上是提升了砂浆的水灰比,除少量的 PAC 废渣(5%、10%)能够参与水泥水化反应,对砂浆产生有益作用,其余未发生反应的 PAC 废渣只能作为集料,而且 PAC 废渣自身吸水性较强,所以在冻融循环试验中砂浆试件会因吸水作用宏观表现为质量损失较小。

不同水灰比砂浆试件的抗压强度损失率随着冻融循环次数增加的试验结果见表 5-9。

由表 5-9 可知:水灰比为 1.0 时,PAC 废渣掺量为 0、5%、10%、15%、20%时在冻融循环次数为 5 次时的抗压强度损失率分别为 18.38%、17.84%、18.69%、19.77%和 23.65%,在冻融循环次数为 15 次,PAC 废渣掺量为 0、5%、10%、15%和 20%时的抗压强度损失率分别为 50.81%、49.12%、53.04%、58.18%和 0(试件损坏),相较于冻融循环次数为 5 次,砂浆强度损失率分别提升了 32.43%、31.28%、34.35%、38.41%和 0(试件损坏);水灰比为 0.8 时 PAC 废渣掺量为 0、5%、10%、15%、20%时的强度损失率在冻融循环次数为 5 次时分别为 17.12%、16.70%、17.92%、18.88%和 20.44%,在冻融循环次数为 15 次,PAC 废渣掺量为 0、5%、10%、15%和 20%时的强度损失率分别为

图 5-8　砂浆冻融循环试验破坏形态

48.43%、47.13%、49.88%、54.40%和60.93%，相较于冻融循环次数为5次，砂浆强度损失率分别增大了31.31%、30.43%、31.96%、35.52%和40.49%。总体来说，基于水泥质量替代法，少量的PAC废渣掺量能够提高砂浆的抗冻融性能，但掺量太多会对砂浆抗冻融性能造成不利影响。

表 5-9　砂浆抗压强度损失率　　单位：%

PAC废渣掺量	$m_W : m_C = 1.0$			$m_W : m_C = 0.9$			$m_W : m_C = 0.8$		
	5次	10次	15次	5次	10次	15次	5次	10次	15次
0	18.38	35.41	50.81	17.90	34.62	49.39	17.12	33.80	48.43
5	17.84	34.91	49.12	17.35	33.89	48.56	16.70	32.71	47.13
10	18.69	36.16	53.04	18.18	35.23	50.22	17.92	34.43	49.88
15	19.77	39.79	58.18	19.44	38.88	56.07	18.88	37.59	54.40
20	23.65	43.54	—	21.53	41.86	61.82	20.44	40.67	60.93

5.5 PAC废渣对砂浆微结构的影响

5.5.1 PAC废渣掺量对砂浆微结构的影响

为了探究PAC废渣掺量对砂浆微观结构的影响，本试验选取3组砂浆试样进行 SEM 扫描电镜试验，试样龄期为 28 d，配合比分别为 0.8-0、0.8-5%和 0.8-20%，如图 5-9 所示，每组砂浆试样均配置两张 SEM 图，分别为放大 5 000 倍和 1 000 倍，用以观察砂浆的水化产物类别和微观界面的结构。

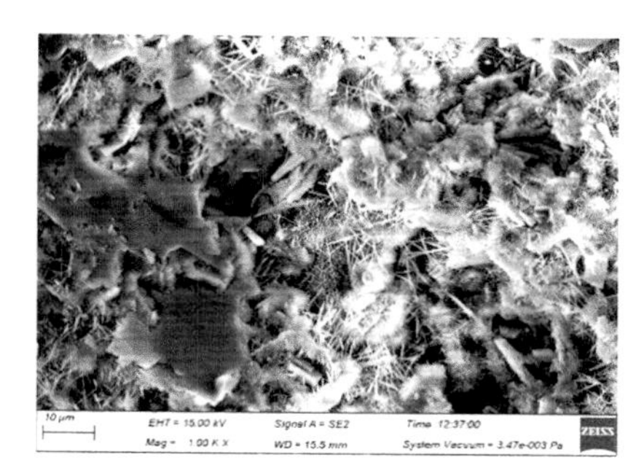

(a)　0.8-0

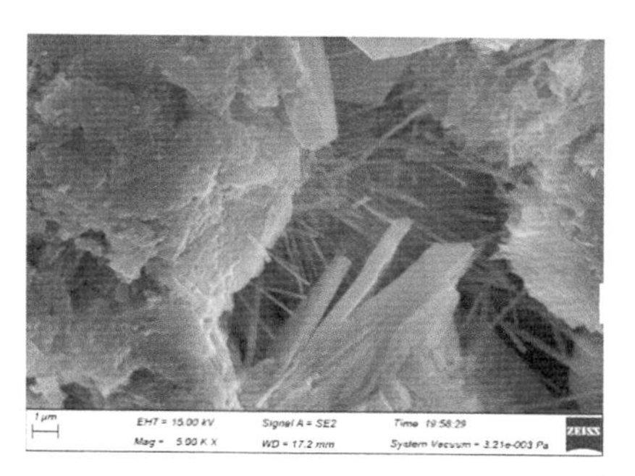
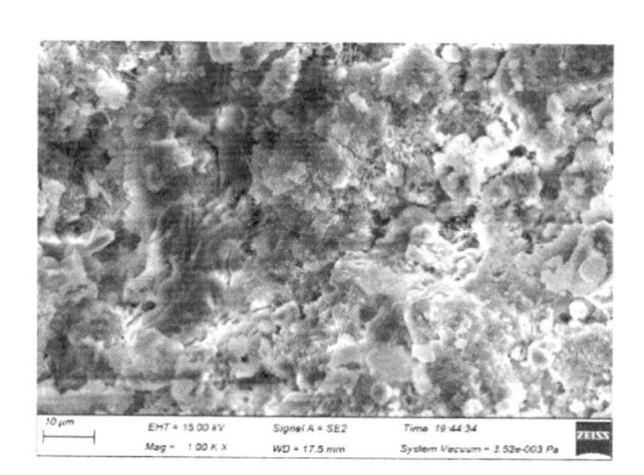

(b)　0.8-5%

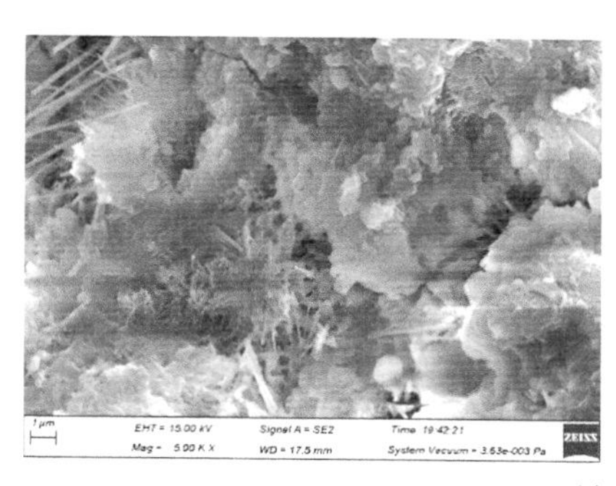
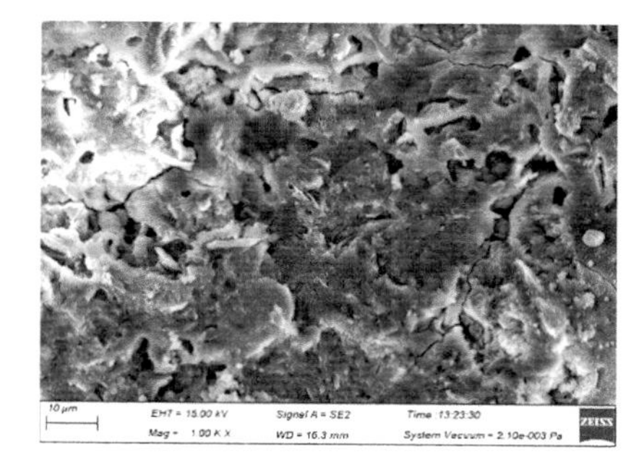

(c)　0.8-20%

图 5-9　砂浆试样 SEM 图

由图 5-9(a)可以看出：砂浆中聚集着大量的“网状”C-S-H 凝胶和“针状”钙矾石，整体结构较为疏松，并存在一些微小的孔隙。由图 5-9(b)可以看出：PAC

废渣掺量为5%时砂浆中存在不少的“针状”钙矾石，说明PAC废渣少量替代水泥不会造成水泥水化产物的大量降低，且相较于0.8-0组，其微观结构相对致密。由图5-9(c)可以看出：PAC废渣掺量为20%时砂浆中“针状”钙矾石的量大幅度减少，这是因为PAC废渣替代的水泥量较多，导致水泥水化产物减少，进而影响砂浆自身强度的发展，而且相较于0.8-0组和0.8-20%组，0.8-20%组的微观结构有着更疏松的结构，存在较大结晶体和孔隙。

随着PAC废渣替代水泥量的增加，砂浆的实际水灰比增大，造成砂浆中孔隙增加，PAC废渣少量替代水泥时对砂浆水灰比的影响较小，少量的PAC废渣能够填充砂浆内部的孔隙，并与水泥水化产物发生二次水化反应，优化砂浆的微结构；PAC废渣替代水泥量较多时，造成砂浆水泥用量减少，水泥水化产物就会减少，而且只有少部分的PAC废渣参与反应，大部分未参与反应的PAC废渣只能作为集料，导致砂浆中的水所占据的空间被水化产物填充得更少，因此随着PAC废渣替代量的增加，砂浆的微结构更加疏松多孔。

5.5.2 PAC废渣热活化温度对砂浆微观结构的影响

为探究PAC废渣热活化温度对砂浆微观结构的影响，本试验选取3组砂浆试样进行SEM扫描电镜试验，试样龄期为28 d，配合比分别为0.8-20%-300 ℃、0.8-20%-600 ℃和0.8-20%-900 ℃，如图5-10所示，每组砂浆试样配置两张SEM图，分别为放大5 000倍和1 000倍，用以观察砂浆的水化产物类别和微观界面的结构，并与图5-9(c) 0.8-20%进行比较。

由图5-10(a)可以看出：掺300 ℃热活化PAC废渣砂浆中存在着较多的“针状”钙矾石和“片状”氢氧化钙以及不定型的C-S-H凝胶，其整体结构较0.8-20%有些许改善，致密性有所提高。由图5-10(b)可以看出：掺600 ℃热活化PAC废渣砂浆中“针状”钙矾石的量较多，与不定型的C-S-H凝胶一同填充砂浆的孔隙，其整体结构中孔洞的数量较少，宏观抗压强度较0.8-20%组砂浆提升较多。由图5-10(c)可以看出：掺900 ℃热活化PAC废渣砂浆中“针状”钙矾石的量较少，大多数为不定型的C-S-H凝胶，虽然整体结构中存在部分较大的孔洞，但是整体结构的致密性优于0.8-20%-300 ℃组。

掺热活化PAC废渣砂浆的宏观力学性能随着热活化温度的升高表现为先升高后降低的变化趋势，热活化温度为600 ℃时强度最高，结合其微观结构可知600 ℃时砂浆中钙矾石的总量高于300 ℃和900 ℃时的，说明此时PAC废渣活性最强，参与水泥水化反应的总量较多，并且填充了砂浆的孔隙，进而提高砂浆强度。由此可以推测：若PAC废渣掺量较少时，采用热活化的手段处理PAC废渣，砂浆的抗压强度提升的幅度可能更大。

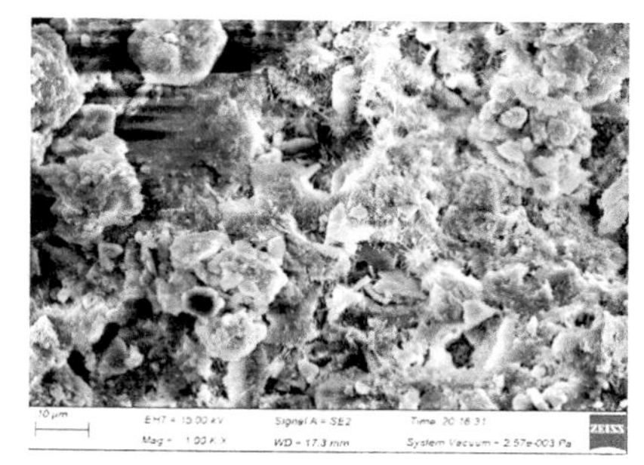

（a） 0.8-20%-300 ℃

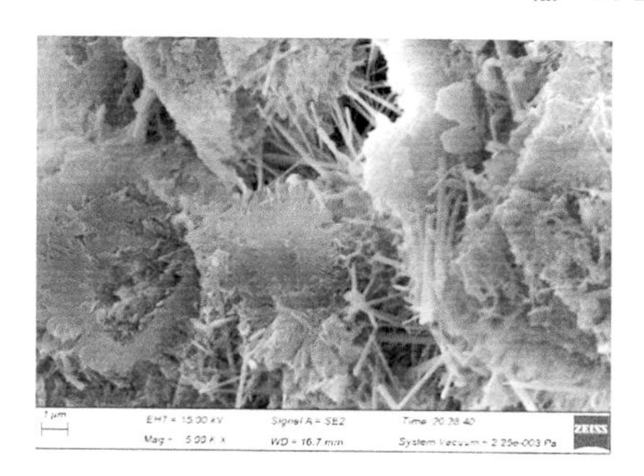

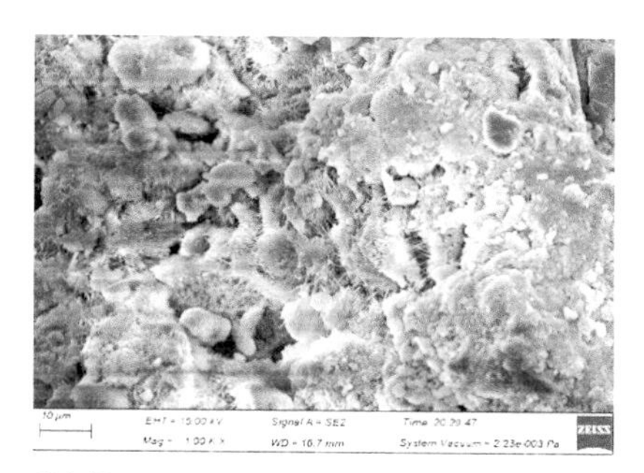

（b） 0.8-20%-600 ℃

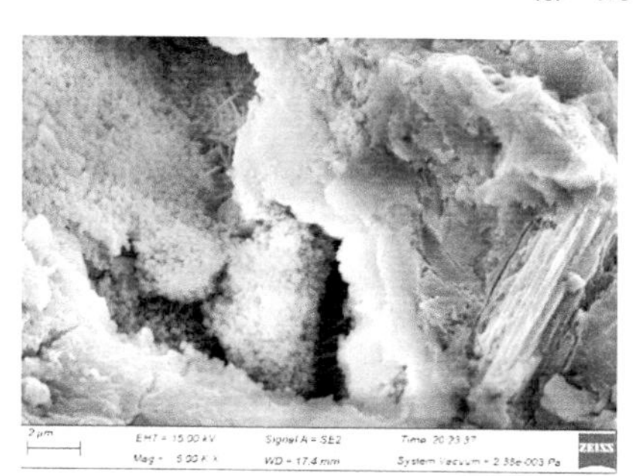

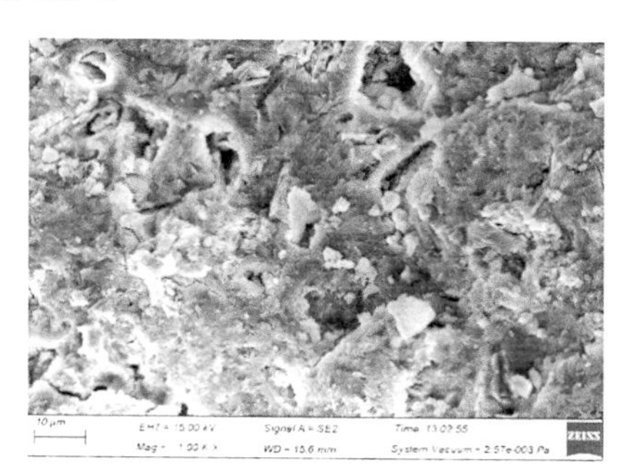

（c） 0.8-20%-900 ℃

图 5-10　热活化 PAC 废渣砂浆试样 SEM 图

5.6　本章小结

本章以水灰比、PAC 废渣质量掺量以及热活化温度为控制变量进行了砂浆稠度试验、抗压强度试验、孔结构试验以及抗冻融试验，探讨了 PAC 废渣质量掺量对砂浆工作性能、抗压强度和抗冻融性能的影响规律，得到以下结论：

(1) 砂浆稠度随着PAC废渣掺量增加而下降，由于制备时砂浆水灰比较大，在不加减水剂的前提下，砂浆稠度仍处于70～100 mm之间。

(2) 砂浆7 d抗压强度均随着PAC废渣掺量增加而下降，28 d和56 d抗压强度均在PAC废渣掺量为5%时最高，高于基准组。

(3) 掺热活化PAC废渣砂浆的抗压强度随着热活化温度的升高表现为先升高后降低的趋势，具体的各温度下的砂浆抗压强度由大到小的顺序为：600 ℃、900 ℃、300 ℃、常温。

(4) 砂浆孔结构参数和抗冻融性能与抗压强度发展规律相同，总体来说，PAC废渣掺量为5%时，能有效改善砂浆的孔结构和抗冻融性能，掺量过多时会造成砂浆抗冻融性能变差。

(5) 少量掺入PAC废渣能有效改善砂浆的微观结构，提高结构密实性，但是随着PAC废渣掺量增加反而会产生不利影响。

6 基于浆体替代法的 PAC 废渣砂浆性能研究

本章基于浆体替代法(PAC 废渣等体积替代水泥浆体)为基础进行试验研究。浆体替代的优点:在 PAC 废渣替代水泥浆体后,浆体自身的混合比例不变,不会改变砂浆未被替代部分的水灰比,因此不会对砂浆自身的抗压强度造成不利影响。本章以 PAC 废渣体积掺量、水灰比为主要控制变量,进行了砂浆稠度试验、立方体抗压试验、砂浆孔结构试验、干缩试验和抗冻融试验;结合第 3 章热活化 PAC 废渣的试验结果进一步探讨 PAC 废渣煅烧温度对砂浆抗压强度的影响规律,系统阐述了 PAC 废渣替代水泥浆体后对砂浆稠度、抗压强度、孔结构、干缩性能及抗冻融性能的影响规律;结合 SEM 试验,从微观层面分析 PAC 废渣对砂浆性能的影响规律。

6.1 试验设备

本研究所涉及的设备包括砂浆制备与砂浆各项性能测试的试验设备,具体试验内容和测定设备见表 6-1。

表 6-1 试验内容及测定设备

试验内容	测定设备
砂浆稠度	砂浆稠度仪
砂浆制备	强制式搅拌机
抗压强度试验	压力机
干缩试验	千分尺
孔结构试验	烘干箱、电子秤、恒温水箱
抗冻融试验	冻融循环试验机
微观界面	扫描电子显微镜(SEM)

6.2 配合比设计

6.2.1 浆体替代法砂浆配合比设计

本部分主要研究基于浆体替代法，以水灰比、PAC废渣体积掺量和高效减水剂为控制变量，探究PAC废渣体积掺量对砂浆抗压强度、体积稳定性、孔结构参数和抗冻融性能的影响规律，设计符合试验要求的砂浆配合比。配合比设计方案见表6-2。

表6-2 浆体替代法砂浆配合比设计

浆体体积百分比	45%
水灰比 （水与水泥质量的百分比）	0.8、0.9、1.0
PAC废渣体积掺量 （PAC废渣体积与水泥+浆体体积的百分比）	0、2%、4%、6%、8%
高效减水剂用量百分比 （减水剂质量与水泥+PAC废渣质量的百分比）	以砂浆的稠度为70～100 mm 范围内时的用量为基准

根据表6-2所示配合比设计方案要求，本部分共计15组（3×5=15），不同配合比时的各组分材料用量见表6-3。

表6-3 浆体替代法砂浆配合比

编号(X-Y)	单位体积材料用量/(kg/m³)			
	水泥	水	PAC废渣	细骨料
1.0-0	342.0	342.0	0	1 411
1.0-2	326.9	326.9	44.6	1 411
1.0-4	311.8	311.8	89.2	1 411
1.0-6	296.7	296.7	133.8	1 411
1.0-8	281.6	281.6	178.4	1 411
0.9-0	370.0	333.0	0	1 411
0.9-2	353.6	318.2	44.6	1 411
0.9-4	337.2	303.5	89.2	1 411
0.9-6	320.9	288.8	133.8	1 411

表6-3(续)

编号(X-Y)	单位体积材料用量/(kg/m³)			
	水泥	水	PAC废渣	细骨料
0.9-8	304.6	274.1	178.4	1 411
0.8-0	402.0	323.0	0	1 411
0.8-2	385.0	308.0	44.6	1 411
0.8-4	376.2	293.8	89.2	1 411
0.8-6	349.4	279.6	133.8	1 411
0.8-8	331.7	265.3	178.4	1 411

注:编号X-Y表示水灰比-PAC废渣掺量。

6.2.2 热活化砂浆配合比设计

本试验砂浆配合比基于表6-3所示砂浆配合比进行设计,选取每个水灰比所对应的最大体积掺量,以水灰比和煅烧温度(300 ℃、600 ℃、900 ℃)为控制变量,探究PAC废渣热活化温度对砂浆抗压强度的影响规律。本部分共计9组(3×3=9),不同配合比各组分材料用量见表6-4。

表6-4 热活化PAC废渣砂浆配合比

编号(X-Y-Z)	单位体积材料用量/(kg/m³)			
	水泥	水	PAC废渣	细骨料
1.0-8-300 ℃	281.6	281.6	178.4	1 411
1.0-8-600 ℃				
1.0-8-900 ℃				
0.9-8-300 ℃	304.6	274.1	178.4	1 411
0.9-8-600 ℃				
0.9-8-900 ℃				
0.8-8-300 ℃	331.7	265.3	178.4	1 411
0.8-8-600 ℃				
0.8-8-900 ℃				

注:编号X-Y-Z表示水灰比-PAC废渣掺量-PAC废渣热活化温度。

6.3 砂浆稠度及抗压强度

6.3.1 PAC 废渣掺量对砂浆稠度的影响

浆体体积替代法虽然不改变砂浆的水灰比，但是实际上随着 PAC 废渣取代浆体体积变化时，浆体中水和水泥的量在减少，砂浆流动性因此变差，需通过减水剂调节砂浆稠度，使其处于 70～100 mm，以避免砂浆流动性差导致砂浆不能振捣密实，从而影响砂浆强度。各组砂浆试验所用减水剂剂量和砂浆稠度见表 6-5。

表 6-5 砂浆试验结果

编号(X-Y)	稠度/mm	减水剂剂量/%	7 d 抗压强度/MPa	28 d 抗压强度/MPa	56 d 抗压强度/MPa
1.0-0	98	0	13.3	18.5	20.9
1.0-2	83	0	13.9	18.7	21.5
1.0-4	88	0.20	14.2	19.4	21.7
1.0-6	78	0.40	14.3	19.7	22.1
1.0-8	79	0.68	14.5	20.3	22.3
0.9-0	94	0	16.1	21.9	24.1
0.9-2	78	0	16.7	22.1	24.2
0.9-4	83	0.35	16.9	22.6	24.7
0.9-6	74	0.50	17.2	22.8	25.1
0.9-8	76	0.72	17.4	23.1	25.3
0.8-0	91	0	18.5	25.7	28.4
0.8-2	74	0	19	26.4	28.9
0.8-4	88	0.48	19.2	26.5	29.1
0.8-6	79	0.60	19.5	26.8	29.6
0.8-8	75	0.80	19.6	27.2	29.8

注：编号 X-Y 表示水灰比-PAC 废渣掺量。

由表 6-5 可知：所有配合比的砂浆稠度均处于 70～100 mm 之间，符合配合比的设计要求。不同水灰比砂浆稠度随 PAC 废渣掺量的变化如图 6-1 所示。

由图 6-1 可以看出：各组砂浆的稠度均满足设定要求，砂浆的稠度随着 PAC 废渣掺量先增大后减小，均在 PAC 废渣掺量为 8%时达到最大值(除去基准

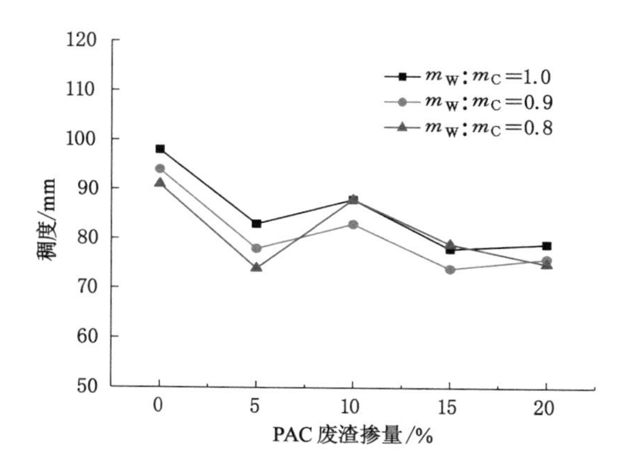

图 6-1　PAC 废渣掺量对砂浆稠度的影响

组)。主要原因:PAC 废渣掺量较少时,在减水剂的作用下砂浆流动性有所提高,但是随着 PAC 废渣掺量的增加,会使得砂浆变得越来越黏稠,进而造成流动性损失。结合表 6-2 可知:掺入较少的 PAC 废渣时,在不使用减水剂的条件下,砂浆的稠度仍能符合设计要求,随着掺量增加,为了使砂浆稠度达到要求,减水剂的量随之增加。例如水灰比为 0.8、PAC 废渣掺量为 2%时,未使用减水剂,砂浆稠度为 74 mm,相较于基准组下降了 18.68%;PAC 废渣掺量为 4%时,在使用 0.48%的减水剂的条件下,砂浆稠度为 88 mm;PAC 废渣掺量为 8%时,砂浆稠度为 75 mm,减水剂剂量从 0.48%增至 0.80%,增幅为 1.67 倍,稠度与 PAC 废渣掺量为 2%时的持平。所以对于浆体替代法来说,PAC 废渣掺量对流动性的影响较大,为了达到流动性要求需增加减水剂用量。

6.3.2　PAC 废渣掺量对抗压强度的影响

根据表 6-5 中的试验数据绘制了不同龄期砂浆抗压强度随着 PAC 废渣掺量的变化规律如图 6-2 所示。

由图 6-2 可以看出:采用浆体替代法时砂浆的抗压强度随着 PAC 废渣掺量的增加而得到提高,说明基于浆体替代法的 PAC 废渣对砂浆抗压强度的提高具有积极作用。由表 6-5 的第 4 列、第 5 列和第 6 列可知:当水灰比为 0.8、PAC 废渣掺量从 0 到 8%时,砂浆 7 d 抗压强度从 18.5 MPa 提升到 19.6 MPa,提高了 5.95%,当水灰比为 1.0、PAC 废渣掺量从 0 到 8%时,砂浆 7 d 抗压强度从 13.3 MPa 提升到 14.5 MPa,提高了 9.02%;当水灰比为 0.8、PAC 废渣掺量从 0 到 8%时,砂浆 28 d 抗压强度从 25.7 MPa 提升到 27.2 MPa,提高了 5.83%;当水灰比为 1.0、PAC 废渣掺量从 0 到 8%时,砂浆 28 d 抗压强度从 18.5 MPa

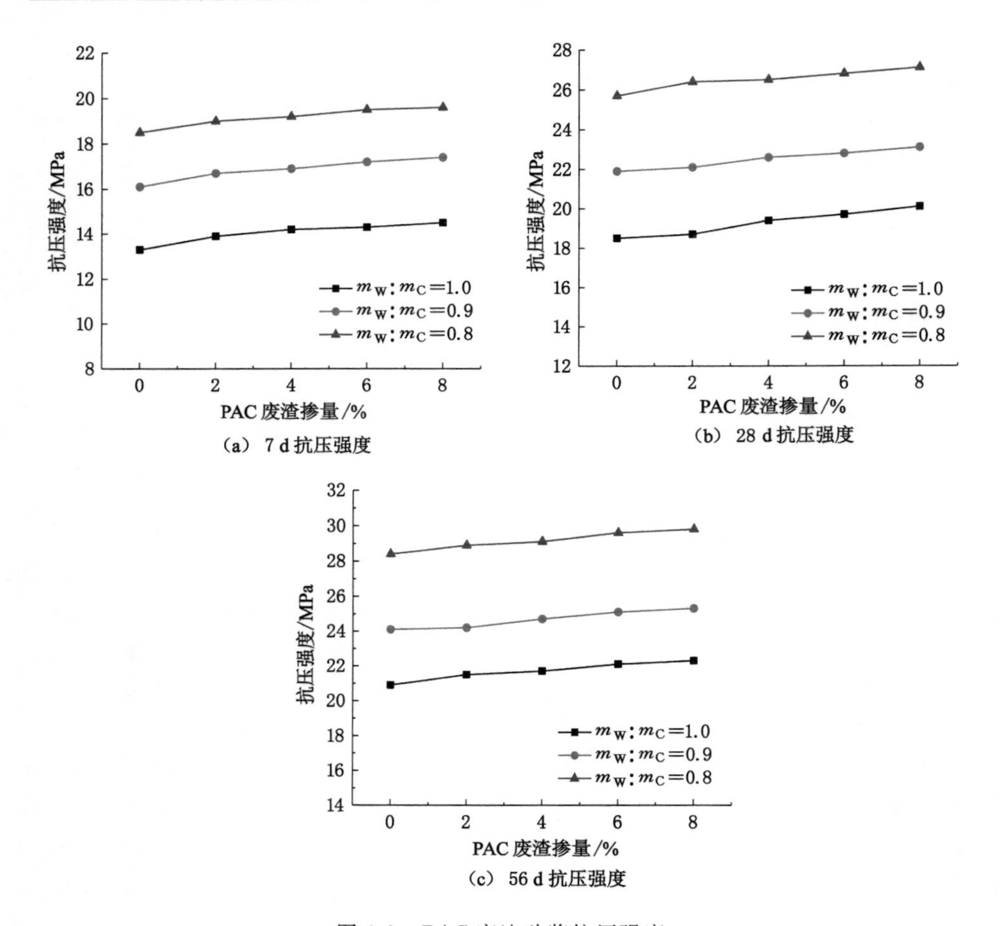

(a) 7 d抗压强度

(b) 28 d抗压强度

(c) 56 d抗压强度

图 6-2　PAC废渣砂浆抗压强度

提升到20.3 MPa,提高了9.73%;当水灰比为0.8、PAC废渣掺量从0到8%时,砂浆56 d抗压强度从28.4 MPa提升到29.8 MPa,提高了4.93%;当水灰比为1.0、PAC废渣掺量从0到8%时,砂浆56 d抗压强度从20.9 MPa提升到22.3 MPa,提高了6.70%。由此说明:无论水灰比如何变化,砂浆试件的不同龄期时的抗压强度均随着PAC废渣掺量的增加而提高,这种现象与文献[88,128]的研究成果一致。

出现上述现象的主要原因是:一是浆体替代法替代的是水泥浆体,不改变砂浆的水灰比,不会对砂浆自身的抗压强度造成不利影响。此外,PAC废渣是一种具有潜在火山灰活性的材料,能在碱性条件下释放内部的活性物质,与水泥水化产物发生二次水化反应,提高砂浆强度。二是PAC废渣颗粒粒径远小于骨料粒径，能够填充骨料之间的孔隙，提高密实度，优化砂浆内部的孔结构，对砂浆强度的提高有一定的正面作用。三是采用浆体替代法时，使用减水剂提高砂浆的工作性能，减水剂会减薄表层水的厚度，使 PAC 废渣颗粒之间产生斥力，使其在浆体中能够更好地分散，提高其与水泥水化产物发生反应的概率，且在浇筑过程中由于减水剂的作用，获得的砂浆拌合物更均匀和密实，二者相互作用下砂浆的抗压强度会有所提高。

6.3.3 热活化温度对抗压强度的影响

本试验与水泥替代法相同，分别对掺热活化后的 PAC 废渣砂浆 7 d、14 d、28 d 和 56 d 的抗压强度进行测定，并对每组水灰比所对应的掺常温 PAC 废渣的砂浆抗压强度进行补充，不同水灰比掺热活化 PAC 废渣砂浆抗压强度随龄期的变化规律如图 6-3 所示。

由图 6-3 可以明显看出：不同水灰比时砂浆抗压强度随热活化温度和龄期的变化规律基本一致，不同龄期的试件抗压强度均在 PAC 废渣热活化温度为 600 ℃时达到最大，且掺热活化 PAC 废渣砂浆的抗压强度均高于掺常温 PAC 废渣砂浆的抗压强度，具体的各温度下的砂浆抗压强度由大到小的顺序为：600 ℃、900 ℃、300 ℃、常温。水灰比为 0.8 为时，热活化温度为 300 ℃、600 ℃、900 ℃时，砂浆 7 d 抗压强度分别为 20.8 MPa、22.7 MPa、21.1 MPa，分别比常温砂浆抗压强度 19.6 MPa 高 6.12%、15.82%和 7.65%；砂浆 28 d 抗压强度分别为 29.1 MPa、30.8 MPa、29.6 MPa，分别比常温砂浆抗压强度 27.2 MPa 高 6.99%、11.32%和 8.82%；水灰比为 1.0 时，热活化温度为 300 ℃、600 ℃、900 ℃时，砂浆 7 d 抗压强度分别为 15.7 MPa、16.9 MPa、16.3 MPa，分别比常温砂浆抗压强度 14.5 MPa 高 8.28%、16.55%和 12.41%；砂浆 28 d 抗压强度分别为 21.8 MPa、23.4 MPa、22.6 MPa，分别比常温砂浆抗压强度 20.1 MPa 高 8.46%、16.42%和 12.44%。不同龄期砂浆抗压强度均随着热活化温度升高呈现先升高后降低的趋势，14 d 和 56 d 时同样如此。

以上规律与水泥替代法热活化砂浆试验的结论一致，为了量化分析基于浆体替代法热活化温度对砂浆抗压强度的发展影响，以水灰比为 0.8 为例，选用与水泥替代法相同的韦伯方程模型[124-125][式(6-1)]对掺热活化 PAC 废渣砂浆抗压强度曲线进行拟合分析，如图 6-4 所示。

$$f_{cu}(t_i, T_i) = f_{cu,T_i}(1 - e^{-\beta t}) \tag{6-1}$$

式中 $f_{cu}(t_i, T_i)$——掺热活化 PAC 废渣砂浆不同龄期时的抗压强度，MPa；

f_{cu,T_i}——掺热活化 PAC 废渣砂浆 56 d 抗压强度，MPa；

t_i——养护龄期，d；

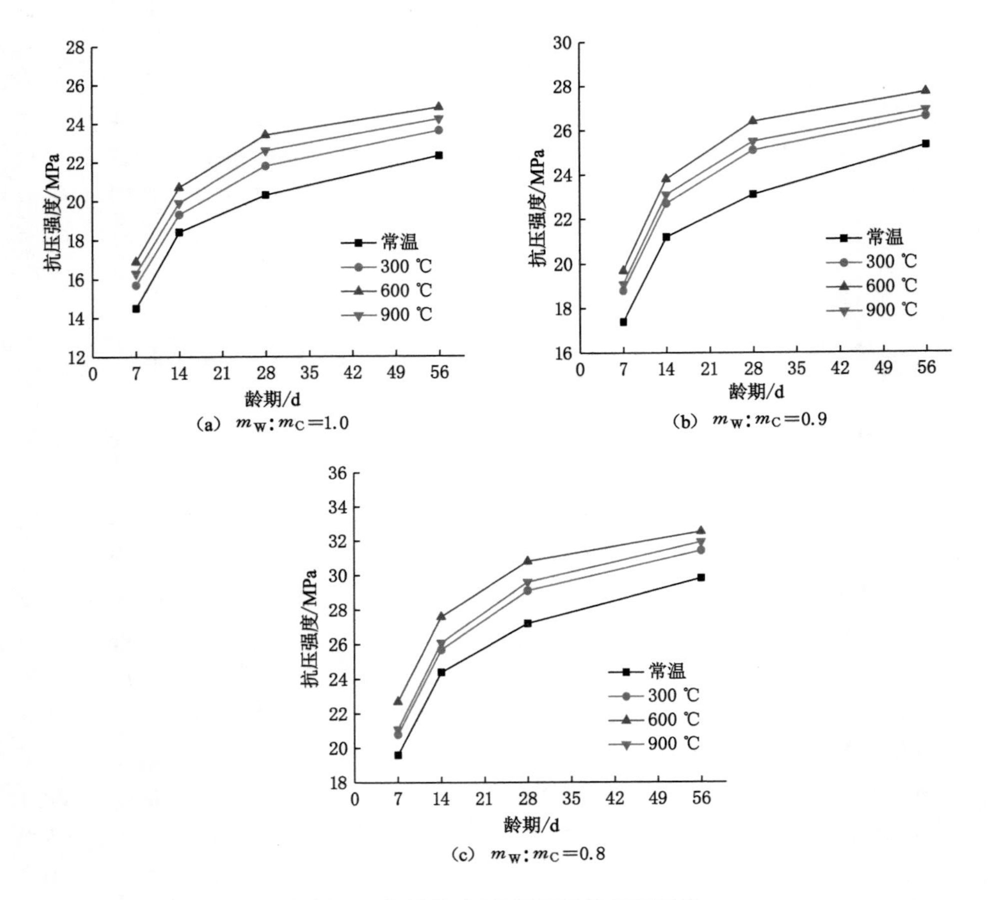

图 6-3 热活化 PAC 废渣砂浆抗压强度

T_i——热活化温度,℃;

β——常数。

根据图 6-4 的拟合曲线结果得到掺不同热活化温度处理的 PAC 废渣砂浆抗压强度随龄期变化的曲线方程:

$$\begin{cases} f_{cu,t}=29.8(1-e^{-0.1370t}) & (R^2=0.88859,\text{常温}) \\ f_{cu,t}=31.4(1-e^{-0.1431t}) & (R^2=0.91006,300\ ℃) \\ f_{cu,t}=27.1(1-e^{-0.1472t}) & (R^2=0.92073,600\ ℃) \\ f_{cu,t}=26.0(1-e^{-0.1426t}) & (R^2=0.90783,900\ ℃) \end{cases}$$

式中 $f_{cu,t}$——不同龄期砂浆的抗压强度,MPa。

由上述曲线方程可知:除常温 PAC 废渣组的拟合度 $R^2=0.888\ 59$ 外,热活

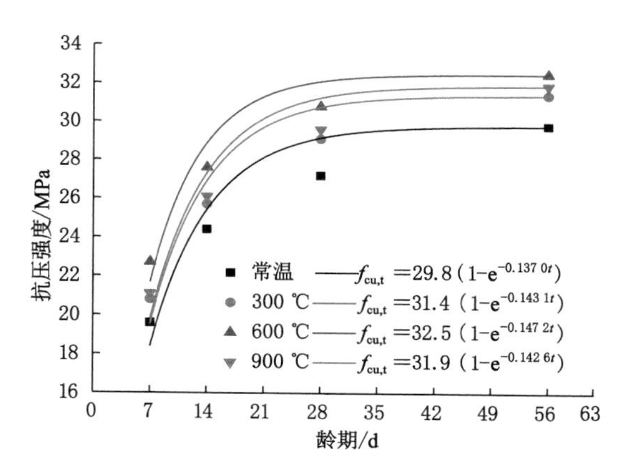

图 6-4 热活化 PAC 废渣砂浆抗压强度发展拟合曲线

化 PAC 废渣组的拟合度 R^2 均在 0.90 以上，说明韦伯方程模型同样适用于浆体替代法，将常数 β 和砂浆 56 d 抗压强度与热活化温度进一步拟合，如图 6-5 所示。

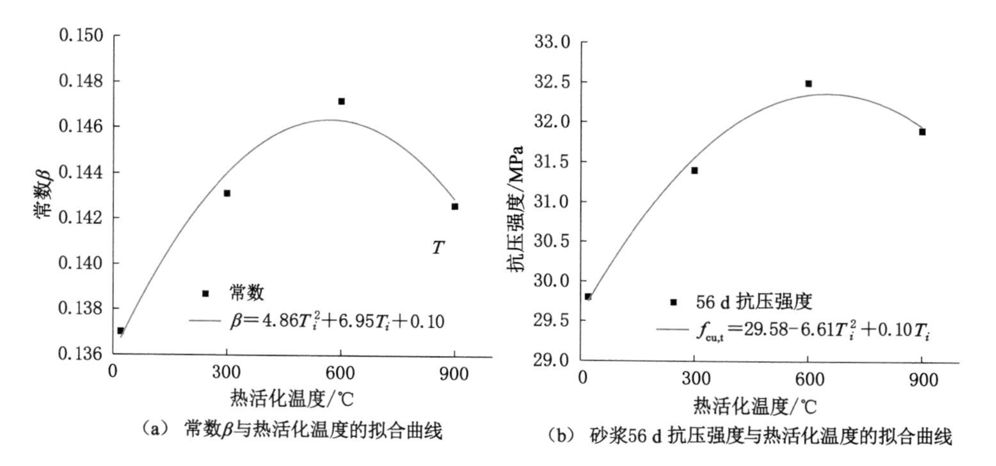

(a) 常数β与热活化温度的拟合曲线 (b) 砂浆56 d 抗压强度与热活化温度的拟合曲线

图 6-5 常数 β 和砂浆 56 d 抗压强度与热活化温度拟合曲线

由图 6-5 中的拟合结果可知：

$$\beta=0.14-3.18T_i^2+3.64T_i \tag{6-2}$$

$$f_{cu,T_i}=29.58-6.61T_i^2+0.01T_i \tag{6-3}$$

将式(6-2)和式(6-3)代入式(6-1)中，可得到砂浆抗压强度随 PAC 废渣热活化温度和龄期增长的曲线方程：

$$f_{cu}(t_i, T_i) = (29.58 - 6.61T_i^2 + 0.01T_i) \times [1 - e^{-(0.14-3.18T_i^2+3.64T_i)}] \tag{6-4}$$

6.4 砂浆孔结构参数和抗冻融性能

6.4.1 PAC 废渣对砂浆孔结构参数的影响

试件的最大质量吸水率 W_{max}、孔径均匀性系数 α 及平均孔径 λ 见表 6-6。

表 6-6 砂浆孔结构参数结果

PAC 废渣掺量/%	$m_W/m_C=1.0$			$m_W/m_C=0.9$			$m_W/m_C=0.8$		
	W_{max}	α	$\lambda/\mu m$	W_{max}	α	$\lambda/\mu m$	W_{max}	α	$\lambda/\mu m$
0	0.141	0.643	0.685	0.130	0.657	0.631	0.120	0.674	0.582
2	0.138	0.655	0.641	0.124	0.677	0.606	0.114	0.693	0.556
4	0.133	0.669	0.618	0.117	0.694	0.568	0.103	0.708	0.525
6	0.124	0.690	0.566	0.112	0.707	0.511	0.096	0.720	0.479
8	0.120	0.717	0.532	0.104	0.733	0.485	0.090	0.738	0.433

根据表 6-6 中的试验数据绘制了 PAC 废渣掺量对砂浆最大质量吸水率 W_{max}、孔径均匀性系数 α 以及平均孔径 λ 的影响规律如图 6-6 所示。

图 6-6(a)为砂浆试件 28 d 的质量吸水率 W_{max}，从图中可以发现：不同水灰比时砂浆试件的质量吸水率均随着 PAC 废渣掺量的增加，呈现下降趋势。PAC 废渣掺量为 8%时最低，此时水灰比分别为 1.0、0.9 和 0.8 时的吸水率 W_{max} 分别为 0.120、0.104 和 0.090。图 6-6(b)为砂浆试件 28 d 的孔径均匀性系数 α，从图中可以发现：随着 PAC 废渣掺量的增加，不同水灰比砂浆试件的孔径均匀性系数均呈现上升趋势，PAC 废渣掺量为 8%时最高，此时水灰比分别为 1.0、0.9 和 0.8 时的孔径均匀性系数 α 分别为 0.717、0.733 和 0.738。图 6-6(c)为砂浆试件 28 d 的平均孔径 λ，随着 PAC 废渣掺量的增加，不同水灰比时的砂浆试件的平均孔径均呈现下降趋势，PAC 废渣掺量为 8%时最低，此时水灰比分别为 1.0、0.9 和 0.8 时的平均孔径 λ 分别为 0.532 μm、0.485 μm 和 0.433 μm。

以上砂浆孔结构参数随 PAC 废渣掺量的变化规律与砂浆强度的变化规律一致，说明基于浆体替代法掺入 PAC 废渣能够改善砂浆的界面结构，减小孔隙率，提高密实度。

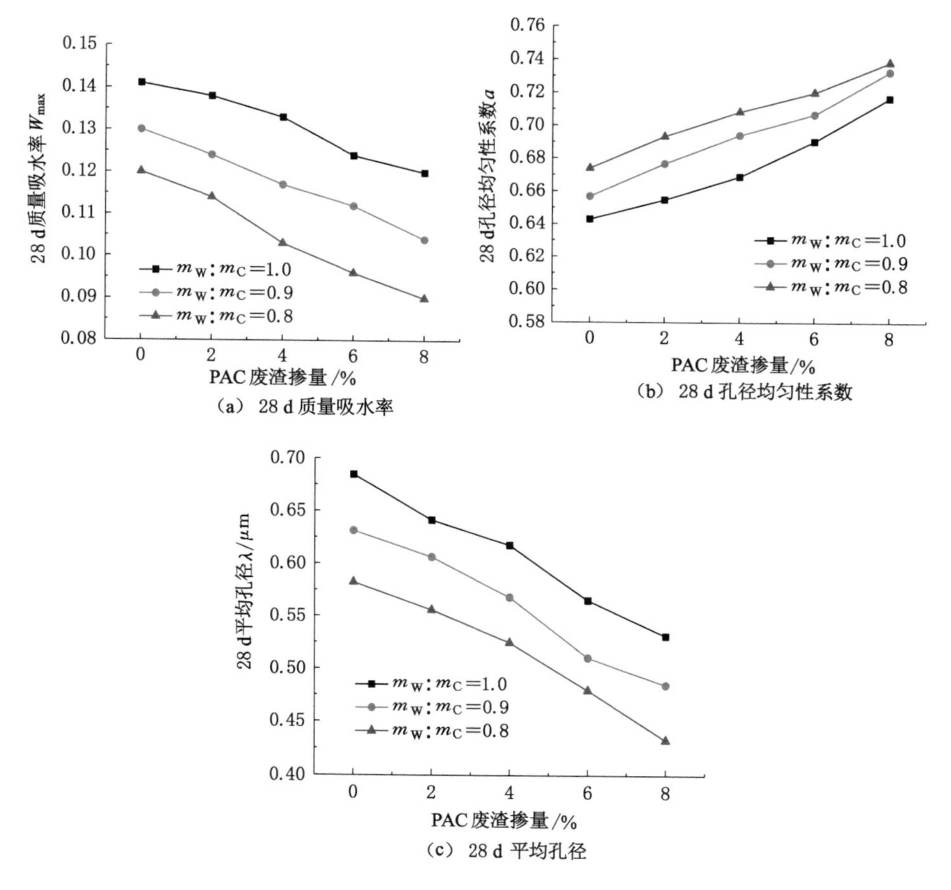

(a) 28 d质量吸水率

(b) 28 d孔径均匀性系数

(c) 28 d平均孔径

图6-6 PAC废渣掺量对砂浆孔结构参数的影响

6.4.2 PAC废渣对砂浆抗冻融性能的影响

不同水灰比时砂浆试件的质量损失率随着冻融循环次数增加的试验结果见表6-7。

表6-7 砂浆质量损失率

单位:%

PAC废渣掺量	$m_W:m_C$=1.0			$m_W:m_C$=0.9			$m_W:m_C$=0.8		
	5次	10次	15次	5次	10次	15次	5次	10次	15次
0	−0.55	−0.57	−0.26	−0.50	−0.52	−0.22	−0.37	−0.45	−0.17
2	−0.48	−0.44	0.01	−0.32	−0.37	0.03	−0.12	−0.23	0.05

表6-7(续)

PAC 废渣掺量	$m_W : m_C=1.0$			$m_W : m_C=0.9$			$m_W : m_C=0.8$		
	5 次	10 次	15 次	5 次	10 次	15 次	5 次	10 次	15 次
4	0.06	0.08	0.16	0.07	0.12	0.32	0.11	0.23	0.41
6	0.12	0.32	0.55	0.11	0.38	0.69	0.14	0.41	0.76
8	0.13	0.33	0.75	0.14	0.44	0.88	0.18	0.53	0.93

由表 6-7 可以看出：在冻融循环初期，不同水灰比时的砂浆试件的质量损失除 PAC 废渣掺量为 2%和基准组为负值外，其余组砂浆的质量损失均为正值，且随着 PAC 废渣掺量的增加而增加。当冻融循环次数达到 15 次时，除基准组外，掺 PAC 废渣组的质量损失均为正值，同样随着 PAC 废渣掺量的增加而增加，该现象与水泥替代法完全相反。

出现这种现象的原因：试验采用的水灰比与水泥替代法相同，水灰比较大，但是基于浆体替代法 PAC 废渣替代的是浆体体积。随着 PAC 废渣掺量的增加，浆体体积逐渐减小，同样水灰比时 PAC 废渣组实际用水量少于基准组，所以相对于基准组，PAC 废渣组的用水量少，砂浆整体结构更为致密，减弱了水灰比的不利影响，因砂浆内部吸水造成质量损伤为负值的概率较小。而在冻融循环过程中，PAC 废渣组砂浆质量损失的主要原因是表面脱落、缺角以及碎块掉落，即使冻融循环达到 15 次，砂浆表面仍没有明显的裂缝，如图 6-7 所示。

不同水灰比砂浆试件的抗压强度损失率随冻融循环次数增加的试验结果见表 6-8。

由表 6-8 可知：PAC 废渣掺量为 0、2%、4%、6%、8%时的抗压强度损失率在冻融循环次数为 5 次时分别为 18.38%、17.42%、16.04%、15.85%、14.93%。PAC 废渣掺量为 0、2%、4%、6%、8%时的抗压强度损失率在冻融循环次数为 15 次时分别为 50.81%、47.15%、45.59%、43.47%、42.28%，相较于冻融循环次数为 5 次时，砂浆抗压强度损失率分别升高了 32.43%、29.93%、29.55%、27.62%、27.35%。水灰比为 0.8 时，在冻融循环次数为 5 次时，PAC 废渣掺量为 0、2%、4%、6%、8%时的抗压强度损失率分别为 17.12%、15.97%、14.04%、12.14%、10.66%，在冻融循环次数为 15 次时，PAC 废渣掺量为 0、2%、4%、6%、8%时的抗压强度损失率分别为 48.43%、44.92%、42.51%、38.58%、36.95%，相较冻融循环次数为 5 次时，砂浆抗压强度损失率分别升高了 31.31%、28.95%、28.47%、26.44%、26.29%。总体来说，砂浆的抗压强度损失随着冻融循环的次数增加而增加，但是基于浆体体积替代法砂浆的抗冻融性能随着 PAC 废渣掺量的增加而提高。

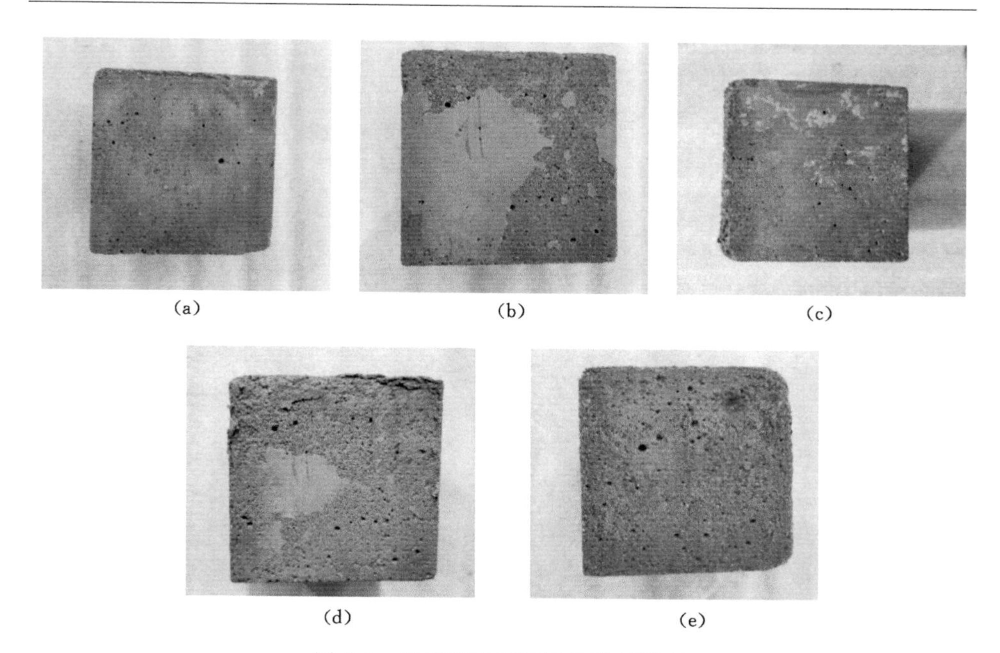

(a) (b) (c)

(d) (e)

图 6-7 砂浆冻融循环试验破坏形态

表 6-8 砂浆抗压强度损失率

单位:%

PAC 废渣掺量	$m_W : m_C = 1.0$			$m_W : m_C = 0.9$			$m_W : m_C = 0.8$		
	5 次	10 次	15 次	5 次	10 次	15 次	5 次	10 次	15 次
0	18.38	35.41	50.81	17.90	34.62	49.39	17.12	33.80	48.43
2	17.42	33.58	47.35	16.93	32.04	46.61	15.97	31.66	44.92
4	16.04	31.19	45.59	15.37	29.32	44.69	14.04	28.28	42.51
6	15.85	29.96	43.47	13.97	26.65	40.35	12.14	26.35	38.58
8	14.93	27.49	42.28	12.77	24.27	38.96	10.66	23.94	36.95

6.5 PAC 废渣对砂浆水泥用量和干缩性能的影响

6.5.1 水泥用量

基于浆体替代法的砂浆强度和抗冻融性能的试验可知:利用 PAC 废渣替代水泥浆体的方法,不仅提高了砂浆的抗压强度和相关耐久性能,还减少了水泥的使用量,不同水灰比时的砂浆水泥用量的降低率见表 6-9。

表 6-9　水泥用量降低率

PAC 废渣掺量/%	$m_W : m_C = 1.0$		$m_W : m_C = 0.9$		$m_W : m_C = 0.8$	
	水泥用量/g	水泥用量降低率/%	水泥用量/g	水泥用量降低率/%	水泥用量/g	水泥用量降低率/%
0	342.0	—	370.0	—	402.0	—
2	326.9	4.42	353.6	4.43	385.0	4.23
4	311.8	8.83	337.2	8.87	376.2	6.42
6	296.7	13.25	320.9	13.27	349.4	13.09
8	281.6	17.66	304.6	17.68	331.7	17.49

由表 6-9 可以看出：不同水灰比时砂浆水泥用量均随着 PAC 废渣掺量的增加而下降，结合表 6-5 中的砂浆抗压强度随着 PAC 废渣掺量的增加而增大，说明基于浆体体积替代法，PAC 废渣不仅能够减少砂浆中水泥用量，还能提高砂浆的抗压强度，例如水灰比为 0.8、PAC 废渣掺量为 8%时，砂浆 56 d 的抗压强度为 29.8 MPa，相较于基准组的 28.4 MPa，抗压强度提高了 4.93%，而此时的水泥用量降低了 17.49%。结合砂浆的抗冻融试验结果可知：砂浆的抗冻融性能随着 PAC 废渣掺量的增加而提高。因此，利用浆体替代法制备 PAC 废渣砂浆，能够减少水泥用量，能够提高砂浆的抗压强度和抗冻性。该 PAC 废渣砂浆制备方法有利于减轻环境污染，在绿色砂浆或混凝土方面同样具有研究价值。

6.5.2　干缩性能

本试验基于浆体替代法，以 PAC 废渣体积掺量为研究对象，探讨 PAC 废渣掺量对水泥砂浆干燥收缩的影响规律。试件尺寸为 40 mm×40 mm×160 mm，配合比见表 6-3，在试件浇筑前预埋测头，浇筑完成后用薄膜将砂浆覆盖，防止水分蒸发。将试件放在标准养护箱中养护 7 d 后拆模、编号。测定试件初始长度 L_0 之后，用石蜡或防水胶将试件的两个顶面(40 mm×40 mm)、浇筑面以及与浇筑面平行面(40 mm×160 mm)密封，只余下两个侧面进行水分散失。随后利用千分尺测定试件的初始长度 L_0 以及各个龄期的长度 L_t，根据式(6-5)计算试件相应龄期的干缩值。干缩试件的测量方法如图 6-8 所示。

$$\varepsilon_t = \frac{L_0 - L_t}{L_0} \tag{6-5}$$

式中　ε_t——对应龄期 t 天(1 d、3 d、7 d、14 d、21 d、28 d、56 d、90 d、180 d，所述龄期从试件移入收缩箱后计时)时砂浆试件的收缩值；

L_0——试件成型后 7 d 的初始长度，mm；

L_t——对应龄期 t 天(1 d、3 d、7 d、14 d、21 d、28 d、56 d、90 d、180 d)时砂浆试件长度,mm。

(a)

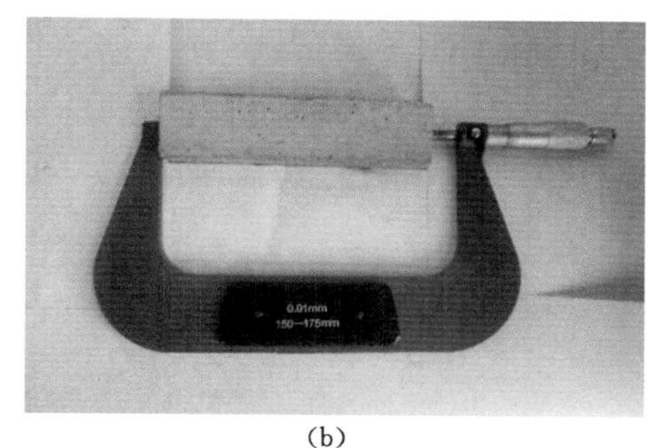

(b)

图 6-8　干缩试件测量方法

不同水灰比时,PAC 废渣掺量对砂浆干缩值随龄期增长的变化规律曲线如图 6-9 所示。

由图 6-9 可以看出:不同水灰比时,PAC 废渣掺量对砂浆干缩值的影响规律基本一致,掺入 PAC 废渣的砂浆不同龄期的干缩值总体上均小于基准组砂浆,而且随着 PAC 废渣掺量的增加,砂浆的干缩值逐渐变小。当水灰比为 1.0 时,基准组砂浆试件的干缩值为 $1\ 908\times10^{-6}$,PAC 废渣掺量为 2%、4%、6%、8%的砂浆试件 180 d 的干缩值分别为 $1\ 781\times10^{-6}$、$1\ 649\times10^{-6}$、$1\ 541\times10^{-6}$ 和 $1\ 406\times10^{-6}$,180 d 的砂浆试件的干缩值随着 PAC 废渣掺量的增加而降低,相较于基准组分别降低了 6.66%、13.57%、19.23%、26.31%;当水灰比为 0.8 时基准组砂浆试件的干缩值为 $1\ 721\times10^{-6}$,PAC 废渣掺量为 2%、4%、6%、8%的砂浆试件 180 d 的干缩值分别为 $1\ 627\times10^{-6}$、$1\ 535\times10^{-6}$、$1\ 435\times10^{-6}$ 和 $1\ 313\times10^{-6}$,180 d 的砂浆试件的干缩值相较于基准组分别降低了 5.46%、10.81%、16.62%、23.71%。

砂浆试件的干缩值出现随 PAC 废渣掺量的增加而降低的主要原因是:(1) 级配作用。由于 PAC 废渣的粒径处于水泥和砂之间,在掺量较少的情况下能够优化砂浆的颗粒级配,使得砂浆内部结构更为致密,阻断了砂浆内部水分丧失的路径,防止砂浆因内部水分丧失造成结构收缩。(2) PAC 废渣吸水作用。PAC 废渣自身具有很高的吸水性能,随着掺量增加,在优化砂浆颗粒级配的同时,其自身的吸水性使得砂浆内部的水分不易丧失,降低了砂浆内部因水分丧失而造成的有害孔的数量[119],从而降低砂浆试件的干缩值。

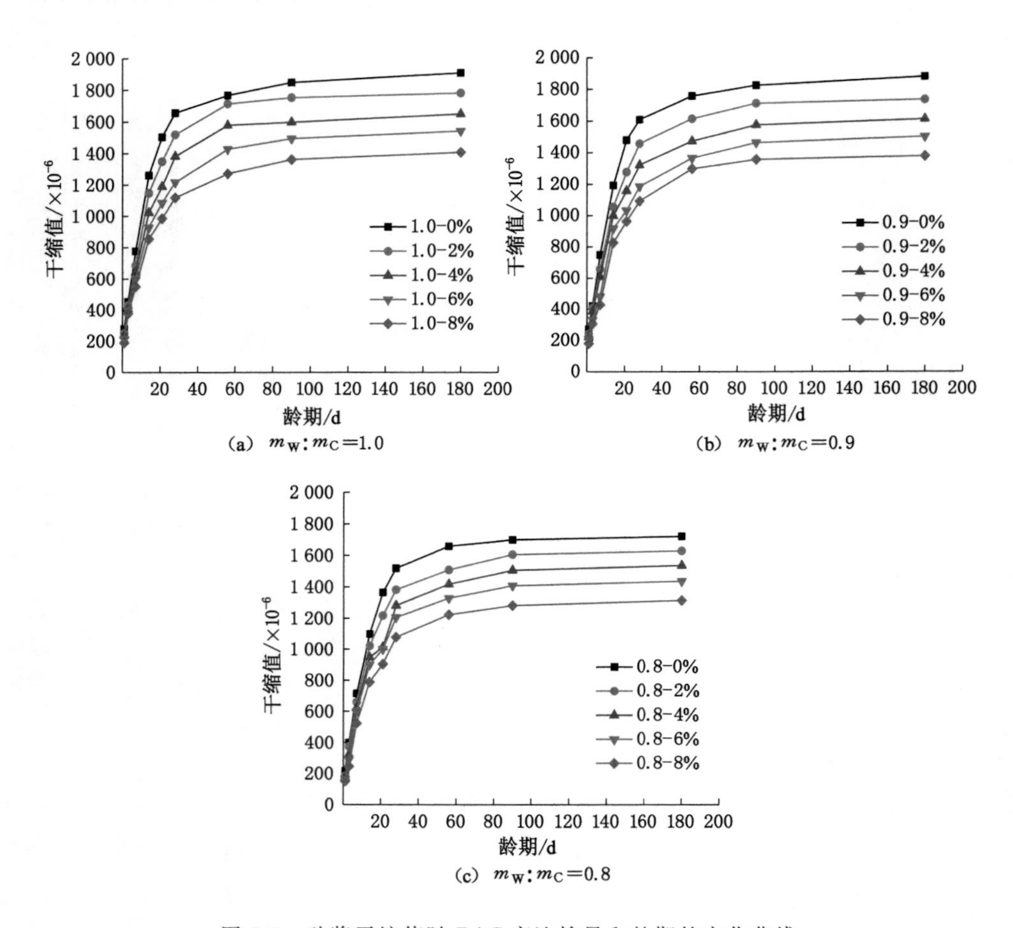

图 6-9 砂浆干缩值随 PAC 废渣掺量和龄期的变化曲线

6.6 PAC 废渣对砂浆微结构的影响

6.6.1 PAC 废渣掺量对砂浆微结构的影响

为了探究基于浆体替代法 PAC 废渣掺量对砂浆微观结构的影响，选用两组砂浆试样进行 SEM 扫描电镜试验，试样龄期为 28 d，配合比分别为 0.8-2%和 0.8-8%，并且与 5.5.1 中基准组 0.8-0 的微观结构进行对比，如图 6-10 所示，每组砂浆试样均配置两张 SEM 图，分别为放大 5 000 倍和 1 000 倍，用以观察砂浆的水化产物类别和微观界面的结构。

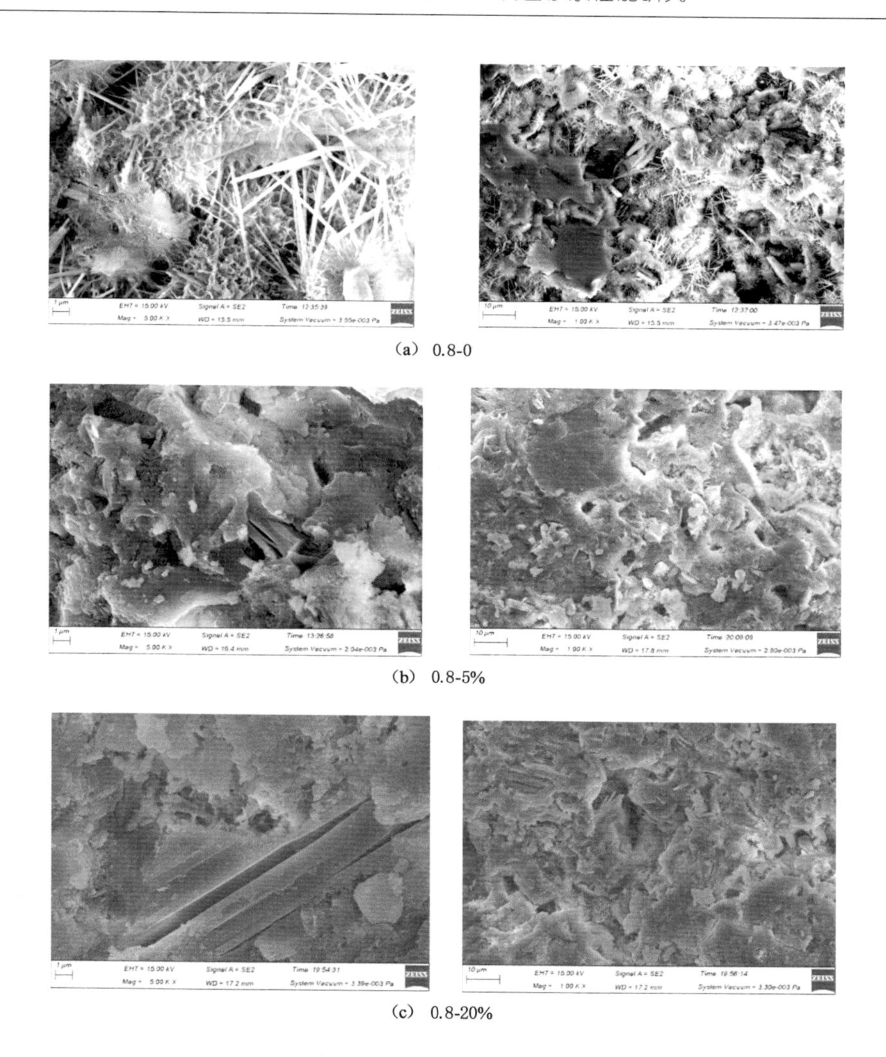

(a) 0.8-0

(b) 0.8-5%

(c) 0.8-20%

图 6-10 砂浆试样 SEM 图

从图 6-10(b)和图 6-10(c)可以看出:基于浆体替代法,水泥水化产物中的“针状”钙矾石和“片状”氢氧化钙被不定型的 C-S-H 包裹,与图 6-10(a)所示 0.8-0 组砂浆相比,微观结构界面致密,孔隙较少,且 0.8-8%组[图 6-10(c)]的整体结构较 0.8-2%[图 6-10(b)]的致密程度更高,说明基于浆体替代法,PAC 废渣的掺入能够改善砂浆的微观结构。不同于水泥质量替代,浆体替代不改变砂浆的水灰比,所以随着 PAC 废渣掺量的增加不会出现因增大水灰比导致砂浆孔隙增多,而且基于浆体替代法砂浆使用减水剂调节砂浆流动性,PAC 废渣掺量越多,减水剂用量越多，砂浆试件在浇筑成型过程中结构更密实，以上原因使得砂浆中掺入 PAC 废渣后的微结构更加密实，提高了砂浆的抗压强度和抗冻融性能。

6.6.2　PAC 废渣热活化温度对砂浆微结构的影响

为了探究基于浆体替代法的 PAC 废渣热活化温度对砂浆微观结构的影响，本试验选取配合比为 0.8-8%-300 ℃、0.8-8%-600 ℃、0.8-8%-900 ℃的 3 组砂浆试样进行 SEM 扫描电镜试验，试样龄期为 28 d，如图 6-11 所示，每组砂浆试样均配置两张 SEM 图，分别放大 5 000 倍和 1 000 倍，用以观察砂浆的水化产物类别和微观界面的结构。从图 6-11(a)可以看出：掺 300 ℃热活化 PAC 废渣砂浆中存在的“针状”钙矾石和不定型的 C-S-H 凝胶要多于 0.8-8%的，其整体结构较 0.8-8%的有些许改善，致密性有所提高。从图 6-11(b)可以看出：掺 600 ℃热活化 PAC 废渣砂浆中“针状”钙矾石的量较多，与不定型的 C-S-H 凝胶一同填充砂浆的孔隙，整体结构中孔洞的数量较少。从图 6-11(c)可以看出：掺 900 ℃热活化 PAC 废渣砂浆中“针状”钙矾石的量多于 300 ℃时的，而且同样与不定型的 C-S-H 凝胶一同填充砂浆的孔隙，其整体结构的致密性优于 0.8-8%-300 ℃组的。

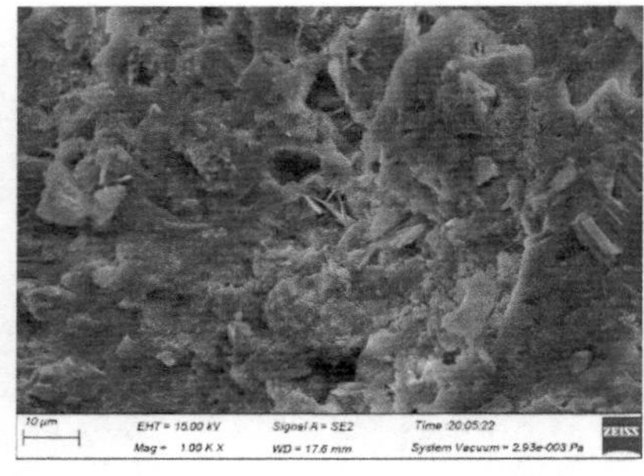

(a)　0.8-8%-300 ℃

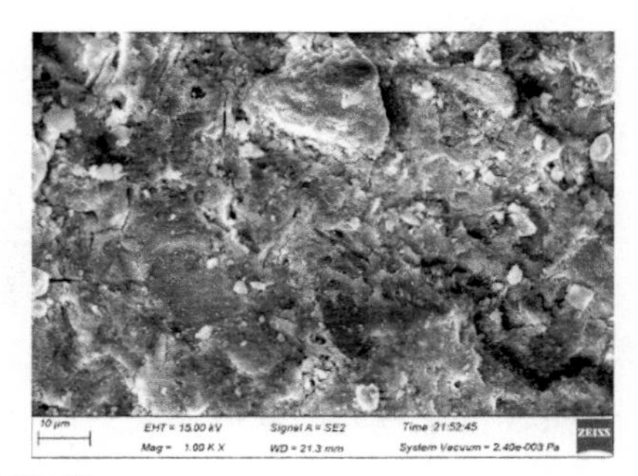

(b)　0.8-8%-600 ℃

图 6-11　热活化 PAC 废渣砂浆试样 SEM 图

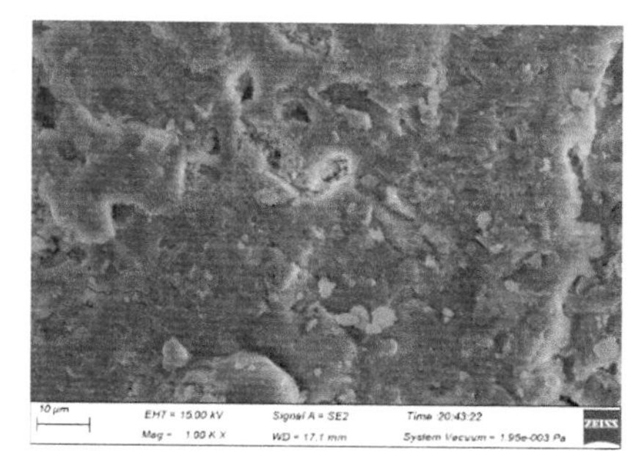

(c)　0.8-8%-900 ℃

图 6-11(续)

由图 6-11 可知：基于浆体替代法的砂浆微观结构的致密性，PAC 废渣热活化温度为 600 ℃时达到最优，与宏观抗压强度的发展规律一致，通过第 3 章中对热活化 PAC 废渣活性测定可知：600 ℃时 PAC 废渣的活性指数最大，其 28 d 火山灰抗压强度贡献率同样最大，所以基于浆体替代法采用 PAC 废渣热活化的手段能够很好地改善砂浆的微观结构，提高砂浆强度和抗冻融性能。

6.7　本章小结

为了探究基于浆体替代法的 PAC 废渣体积掺量对砂浆的相关性能的影响，本章以水灰比、PAC 废渣体积掺量以及热活化温度为控制变量进行了砂浆稠度和抗压强度试验、孔结构试验、抗冻融试验以及干缩试验，探讨了 PAC 废渣体积掺量对砂浆稠度、抗压强度、抗冻融性能及干缩性能的影响规律，得到了以下结论：

(1) 砂浆不同龄期时的抗压强度均随着废渣掺量的增加而增大，掺量越高，抗压强度越大，但需要提高减水剂用量以达到设计稠度(70～100 mm)。

(2) 掺热活化 PAC 废渣砂浆的抗压强度随着热活化温度的升高表现为先增大后减小的趋势，具体的各温度下的砂浆抗压强度由大到小的顺序为：600 ℃、900 ℃、300 ℃、常温。

(3) 砂浆孔结构参数和抗冻融性能与抗压强度发展规律相同，均在 PAC 废渣掺量最高时各项性能指标最优。

(4) 基于浆体替代法能够降低水泥用量，优化砂浆的体积稳定性，且不会造成砂浆抗压强度损失和耐久性减弱。

(5) 基于浆体替代法，掺入 PAC 废渣能够有效改善砂浆的微结构，且随着掺量增加效果更好。

7 PAC 废渣对 3D 打印混凝土力学性能的影响研究

3D 打印混凝土力学强度是衡量其性能的关键指标。3D 打印混凝土层层叠加的工艺可能使上、下层水泥水化程度不一致，易导致应力集中，从而造成抗压强度损失。3D 打印工艺对工作性能要求较高，往往需要添加多种化学添加剂来改善其工作性能。添加净水剂废渣会导致力学强度的劣化和工作性能的改变，因此，选择合理的化学添加剂十分重要。纳米硅溶胶（Nano silica sol，简称 NSS）属于纳米二氧化硅，由 1～500 nm 的无定形、亲水且单分散的近球形二氧化硅颗粒和水组成。其反应活性主要由颗粒表面的硅醇基（≡Si—OH）提供，该基团还为水泥水化产物提供了新的成核位点。NSS 掺入水泥中会降低浆体流动性，但是其具有的颗粒填充效应和火山灰活性能够提升混凝土的力学性能并改善孔结构，因此被用于改善混凝土的强度劣化问题。

本章结合 3D 打印工艺和净水剂废渣及 NSS 的特点，通过掺加净水剂废渣和 NSS 改性，探究 NSS 和 PAC 废渣掺量对 3D 打印混凝土的抗压强度、抗折强度的影响，并采用微观测试对其水化产物和微观形貌进行了研究。通过对打印试样进行切割，对打印试样强度和传统铸模试样强度进行对比，揭示两种施工方式之间力学性能的差异。为后续 3D 打印改性混凝土的应用研究提供试验依据。

7.1 NSS 对 3D 打印混凝土强度的影响

7.1.1 试验设计

本试验研究了 NSS（含固量为 30%）对打印混凝土强度的影响。鉴于流动度对 3D 打印混凝土工作性能的重要性，本章选择了调整减水剂参数，从而固定流动度范围（200～220 mm），确保每组配合比都能够打印。具体配合比见表 7-1。

表 7-1 不同 NSS 强度试验配合比

配合比编号	胶凝总量/kg	水泥(P·O42.5)/kg	NSS/kg	减水剂/%	砂灰比	水灰比
A0	4.5	4.5	—	0.5	1	0.3
A1	4.5	4.477 5	0.075	0.8	1	0.3
A2	4.5	4.455	0.15	1.1	1	0.3
A3	4.5	4.432 5	0.225	1.36	1	0.3
A4	4.5	4.41	0.3	1.73	1	0.3

7.1.2 NSS 掺量对打印混凝土强度的影响

(1) 对抗折强度的影响

根据抗折强度试验,单掺 NSS 抗折强度试验结果如图 7-1 所示。由图 7-1(a)可知:1 d 和 3 d 时基准组和掺加 NSS 的试验组的抗折强度相差不大;但是 3～7 d 时,掺加 NSS 的试验组的抗折强度增长迅速,远高于基准组;7 d 后掺加 NSS 的试验组整体抗折强度增长略放缓,其中 A2(1%NSS)组增速最高,28 d 时抗折强度最高;对比 28 d 抗折强度,掺加 NSS 的试验组均高于基准组,说明掺加 NSS 有助于提高混凝土的抗折强度,且主要影响混凝土的早期强度。由图 7-1(b)可知:随着 NSS 掺量的变化,不同龄期下掺加 NSS 的 3D 打印混凝土抗折强度均呈现先上升后下降的趋势,且在 NSS 掺量为 1%时,28 d 抗折强度出现峰值,说明对于抗折强度而言,1%的质量百分比掺量最佳。

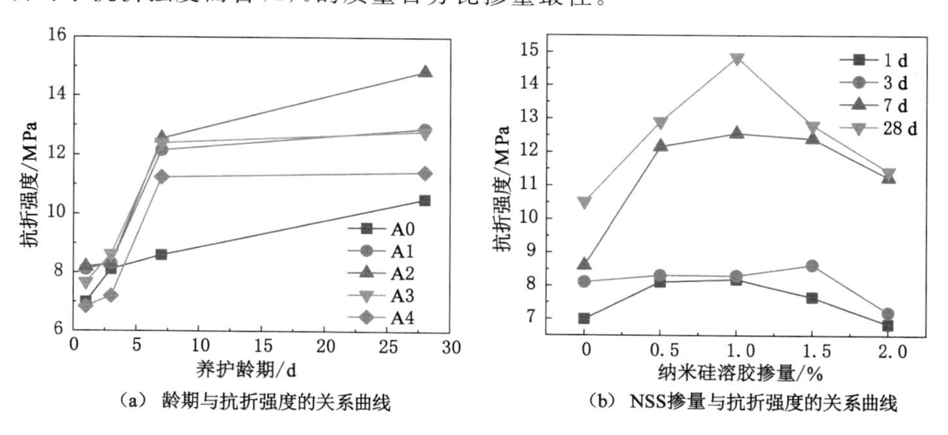

(a) 龄期与抗折强度的关系曲线　(b) NSS掺量与抗折强度的关系曲线

图 7-1 NSS 掺量、龄期与抗折强度的关系曲线

(2) 对抗压强度的影响

单掺 NSS 时的混凝土抗压强度试验结果如图 7-2 所示。由图 7-2(a)可知：随着龄期的变化，掺加 NSS 的 3D 打印混凝土和基准组 3D 打印混凝土抗压强度的变化规律基本一致。由图中斜率可以发现：7 d 以前抗压强度增长较快，尤其是 1～3 d 时增长明显，7 d 后增长稳定但增长速率变小。说明掺加 NSS 主要影响 3D 打印混凝土 7 d 前的抗压强度。由图 7-2(b)可知：随着 NSS 掺量的增加，抗折强度整体上呈现先增大后减小的变化规律，在 NSS 掺量为 0.5%时，28 d 抗压强度出现峰值。综合抗折强度和抗压强度可以发现最佳的 NSS 掺量在 0.5～1%之间。同时，在 1 d 和 3 d 时，掺加 NSS 的 3D 打印混凝土抗压强度和基准组混凝土抗压强度相差不大，7 d 时，掺加 NSS 的 3D 打印混凝土的抗压强度远高于基准组，28 d 时呈现相同的规律。说明掺加 NSS 能有效提升打印混凝土的抗压强度，且提升效果主要体现在 7 d 前。掺加 NSS 对打印混凝土早期抗折强度、抗压强度提升的原因是：同水泥的水化产物发生了火山灰反应，促进了水化产物的生成，促进强度增长。

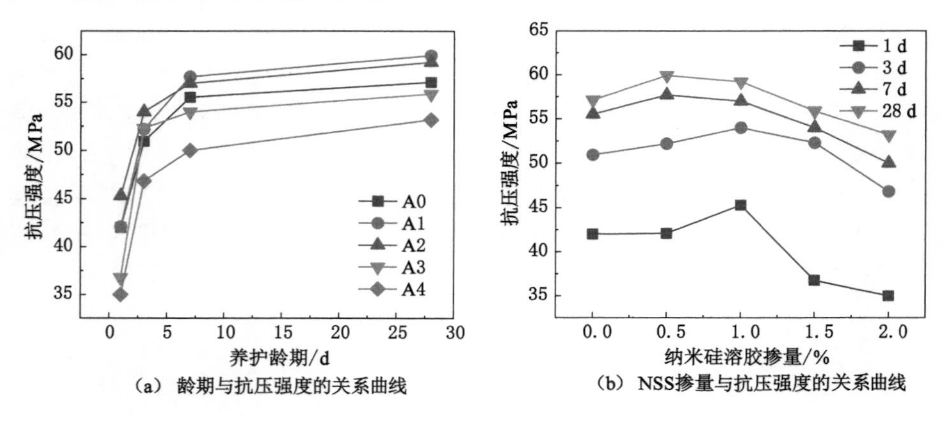

(a) 龄期与抗压强度的关系曲线 (b) NSS掺量与抗压强度的关系曲线

图 7-2 NSS 掺量、龄期与抗压强度的关系曲线

7.2 PAC 废渣对打印混凝土强度的影响

7.2.1 试验设计

本试验研究了 PAC 废渣对打印混凝土强度的影响，为了保障试验条件相同，固定流动度范围(200～220 mm)，确保每组配合比都能够打印。除净水剂废渣配合比不同以外，其他都相同，具体配合比见表 7-2。

表 7-2　不同净水剂废渣强度试验配合比

配合比编号	胶凝总量/kg	水泥(P·O42.5)/kg	净水剂废渣/kg	减水剂/%	砂灰比	水灰比
A0	4.5	4.5	—	0.5	1	0.3
B1	4.5	4.275	0.225	0.53	1	0.3
B2	4.5	4.05	0.45	0.7	1	0.3
B3	4.5	3.825	0.675	0.98	1	0.3
B4	4.5	3.6	0.9	1.1	1	0.3

7.2.2　PAC废渣掺量对打印混凝土抗折强度和抗压强度的影响

(1) 对抗折强度的影响

根据抗折强度试验，单掺净水剂废渣抗折强度试验结果如图7-3所示。由图7-3(a)可知：1 d时，掺加净水剂废渣的3D打印混凝土和基准组抗折强度基本相同；3 d时，除掺量为20%的3D打印净水剂废渣混凝土，其余掺加净水剂废渣的混凝土抗折强度均高于基准组混凝土，7 d时所有掺加净水剂废渣的3D打印混凝土的抗折强度均高于基准组混凝土，且后期强度增长稳定，28 d时和7 d时呈现相同的变化规律。由图7-3中曲线斜率可知：掺加净水剂废渣7 d前的斜率明显高于7 d后的斜率，说明掺加净水剂废渣7 d前的强度增长速率比7 d后的高，净水剂废渣对抗折强度的提升效果主要体现在7 d前。由图7-3(b)可知：随着净水剂废渣掺量的增加，不同龄期的抗折强度整体上呈现先增大后减小的变化趋势，且在净水剂废渣掺量为5%时出现抗折强度峰值。当废渣掺量超过5%时，3 d后的抗折强度下降明显，但是其抗折强度仍高于基准组的，说明掺加净水剂废渣能有效提升3D打印混凝土的抗折强度，且最佳掺量为5%。

(2) 对抗压强度的影响

根据抗压强度试验，单掺净水剂废渣抗压强度试验结果如图7-4所示。由图7-4(a)可知：掺加净水剂废渣的3D打印混凝土和基准组混凝土抗压强度随着龄期的变化规律基本一致。0～7 d时抗压强度增长比较明显，7 d后的抗压强度增长稳定，但增长速率放缓。说明掺加净水剂废渣主要对打印混凝土早期的抗压强度有影响。1 d时其规律和抗折强度相同，掺加净水剂废渣的3D打印混凝土和基准组抗压强度相差不大；但是3 d及3 d后其规律同抗折强度存在明显差异，除掺量为5%时的3D打印净水剂废渣混凝土，其余各组抗压强度均低于基准组3D打印混凝土。由图7-4(b)可知：随着净水剂废渣掺量的变化，其抗压强度整体呈现先增大后减小的变化趋势。在净水剂废渣掺量为5%时出现抗压强度峰值，当净水剂废渣掺量超过10%时，其抗压强度下降明显，说明掺加一定量净水剂废渣会对3D打印混凝土抗压强度有一定提升效果，但整体上掺加净水剂废渣会降低3D打印混凝土抗压强度。综合考虑净水剂废渣对抗折强度和抗压强度的影响，建议净水剂废渣掺量不超过10%。掺加净水剂废渣对抗折强度有提升，对抗压强度有劣化的原因：掺入净水剂废渣优化了打印混凝土内部颗粒级配，提高了浆体内部致密性，对抗折强度有增强效果，而由于净水剂废渣自身活性较低，很大一部分作为惰性材料未被激活而未参与反应，掺入净水剂废渣导致水泥量减少，生成的水化产物量减少，浆体内部碱性不足，净水剂废渣活性不足以激发，仅起到简单的物理填充效果，抗压强度发生一定程度的降低。

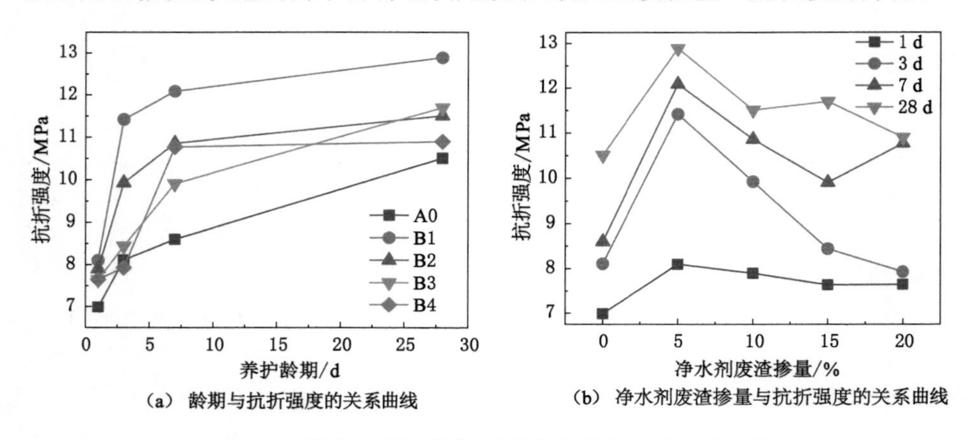

(a) 龄期与抗折强度的关系曲线　(b) 净水剂废渣掺量与抗折强度的关系曲线

图7-3　净水剂废渣掺量、龄期与抗折强度的关系曲线

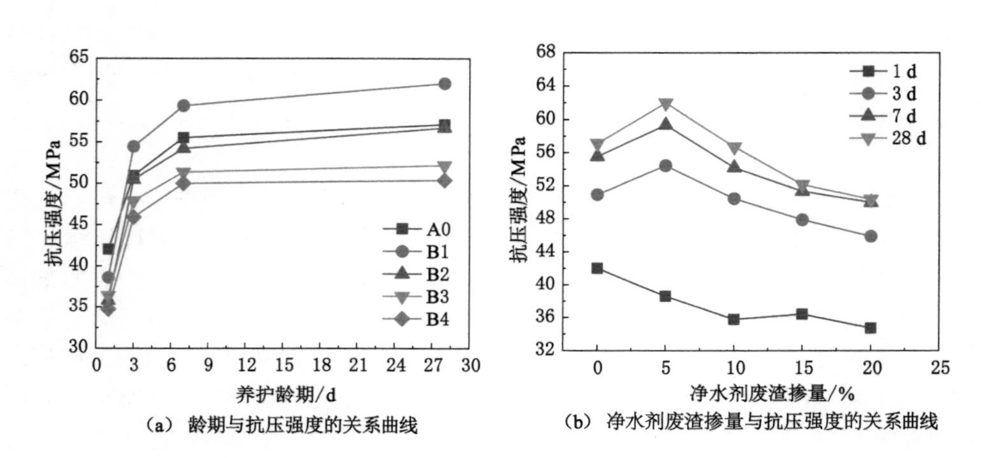

(a) 龄期与抗压强度的关系曲线　(b) 净水剂废渣掺量与抗压强度的关系曲线

图7-4　净水剂废渣掺量、龄期与抗压强度的关系曲线

7.3　NSS 改性净水剂废渣对打印混凝土强度的影响

7.3.1　试验设计

基于净水剂废渣和 NSS 工作性能及力学性能影响试验结果，最终选择了固定 5%、10%的净水剂废渣掺量混掺 NSS(掺量为 0.5%～2%)。研究了 NSS 改性净水剂废渣对打印混凝土强度的影响，为保障试验条件相同，调整减水剂掺量，从而固定流动度范围(200～220 mm)，确保每组配合比都能够打印。配合比除 NSS 和净水剂废渣比例不同，其他都相同，具体的配合比见表 7-3。

表 7-3　NSS 改性净水剂废渣强度试验配合比

配合比编号	胶凝总量/kg	水泥(P·O42.5)/kg	净水剂废渣/kg	NSS/kg	减水剂/%	砂灰比	水灰比
A1-B1	4.5	4.252 5	0.225	0.075	0.9	1	0.3
A2-B1	4.5	4.23	0.225	0.15	1.04	1	0.3
A3-B1	4.5	4.207 5	0.225	0.225	1.47	1	0.3
A4-B1	4.5	4.185	0.225	0.3	1.8	1	0.3
A1-B2	4.5	4.027 5	0.45	0.075	1.01	1	0.3
A2-B2	4.5	4.005	0.45	0.15	1.2	1	0.3
A3-B2	4.5	3.982 5	0.45	0.225	1.6	1	0.3
A4-B2	4.5	3.96	0.45	0.3	1.91	1	0.3

7.3.2　NSS 改性 PAC 废渣对打印混凝土抗折强度和抗压强度的影响

根据抗折强度试验，NSS 改性净水剂废渣抗折强度试验结果见表 7-4。由表 7-4 可知：对抗折强度进行比较，对比 7.2.2 中单掺 NSS 和 7.3.2 中单掺 5%和 10%净水剂废渣的 3D 打印混凝土，1 d 时，掺 NSS 改性净水剂废渣的抗折强度低于单掺净水剂废渣和单掺 NSS；3 d 时，掺 NSS 改性净水剂废渣抗折强度整体明显增长，此时其抗折强度高于同期单掺净水剂废渣和单掺 NSS 抗折强度；7 d 和 28 d 时，掺 NSS 改性净水剂废渣 3D 打印混凝土的抗折强度和同期单掺净水剂废渣 3D 打印混凝土及单掺 NSS 水泥 3D 打印混凝土的相差不大。说明掺 NSS 改性净水剂废渣对 3 d 前的 3D 打印混凝土的抗折强度有明显的提升效果，就抗折强度而言，掺 NSS 改性净水剂废渣的抗折强度优于基准组和单掺情况下的 3D 打印混凝土。

表 7-4 NSS 改性净水剂废渣试验结果 单位：MPa

试件编号	1 d		3 d		7 d		28 d	
	抗折强度	抗压强度	抗折强度	抗压强度	抗折强度	抗压强度	抗折强度	抗压强度
A1-B1	6.27	46.62	11.5	48.86	11.87	51.3	12.7	53.96
A2-B1	6.2	44.07	11.1	47.63	11.7	49	13.6	52.08
A3-B1	5.16	44.98	11.5	47.17	12.73	50.3	13.3	54.9
A4-B1	4.89	41.8	10.71	46.87	11.4	50	12	53.8
A1-B2	6.77	38.63	12.02	45.475	12.3	50.88	12.5	52.6
A2-B2	6.41	39.26	7.625	40.67	12.14	45.67	13	55.83
A3-B2	5.98	40.95	7.68	43.2	11.8	49	12.3	58.65
A4-B2	5.02	36.38	7.46	40	11.1	45	11.71	56.52

根据抗压强度试验，掺NSS改性净水剂废渣抗压强度试验结果见表7-4。由表7-4可知：1 d时，在5%净水剂废渣掺量下混掺NSS的3D打印混凝土，其抗压强度明显优于基准组、单掺净水剂废渣、单掺NSS以及10%净水剂废渣掺量下混掺NSS的3D打印混凝土。此外，10%净水剂废渣掺量时混掺NSS的3D打印混凝土的抗压强度低于单掺净水剂废渣3D打印混凝土，但是高于单掺1.5%和单掺2%NSS 3D打印混凝土。说明掺NSS改性净水剂废渣对于1 d的抗压强度增强效果较好。3 d时，其抗压强度变化规律基本同1 d相同，相较于1 d时，其抗压强度增长明显，增加速率较快；7 d和28 d时，对比两种混掺试验结果可以发现：10%的净水剂废渣掺量下混掺NSS抗压强度较5%的净水剂废渣掺量下混掺NSS抗压强度增长更明显，28 d前者的抗压强度高于后者。对比同期基准组抗压强度，掺NSS改性净水剂废渣的整体略低。说明掺NSS改性净水剂废渣主要影响3D打印混凝土的早期强度，特别是1 d前的抗压强度，掺NSS改性净水剂废渣有利于提升3D打印混凝土的建造性。掺NSS改性净水剂废渣对打印混凝土抗折强度和抗压强度的影响原因同单掺NSS和单掺净水剂废渣对打印混凝土抗折强度和抗压强度的影响原因一致。

7.4 打印试件强度测试分析

为了探究3D打印层层叠加施工工艺对打印混凝土强度的影响，将打印试件统一切割成尺寸为160 mm×40 mm×40 mm的棱柱体试件，并测量其抗压强度和抗折强度，将其同采用传统工艺制作的试件力学强度进行对比分析。考虑打印试件受切割养护等多道工序的影响，因此，仅测试了打印切割试件28 d的抗压强度、抗折强度。打印切割试件如图 7-5 所示。抗折强度试验和抗压强度试验如图 7-6 所示。单掺 NSS、单掺净水剂废渣、掺 NSS 净改性水剂废渣打印试件 28 d 强度实测值见表 7-5。

图 7-5 打印切割试件

(a) 抗压强度试验

(b) 抗折强度试验

图 7-6 强度测试

表 7-5 3D 打印试件与传统试模试件 28 d 强度 单位:MPa

编号	3D 试件 28 d 抗折强度	传统试件 28 d 抗折强度	3D 试件 28 d 抗压强度	传统试件 28 d 抗压强度
A0(基准组)	6.4	10.51	48.9	57.13
A1(0.5%NSS)	4.1	12.9	36.7	59.93
A2(1%NSS)	6.7	14.84	46.4	59.22
A3(1.5%NSS)	6.2	12.8	40.8	55.88

表7-5(续)

编号	3D试件28 d抗折强度	传统试件28 d抗折强度	3D试件28 d抗压强度	传统试件28 d抗压强度
A4(2%NSS)	5.9	11.43	42.6	53.2
B1(5%净水剂废渣)	6.3	12.89	49	62
B2(10%净水剂废渣)	5.1	11.51	50	56.7
B3(15%净水剂废渣)	5.8	11.7	45.4	52.16
B4(20%净水剂废渣)	3.6	10.9	43	50.38
A2-B2(1%NSS10%净水剂废渣)	6	13	53.4	55.83
A3-B2(1.5%NSS10%净水剂废渣)	5.4	12.3	50.6	58.65

由表7-5可知:对比28 d抗折强度,打印试件均远低于铸模试件,主要原因是3D打印层层堆积的工艺造成了层间间隙,导致抗折性能较差。28 d抗折强度下降幅度为39%～68%。对比28 d抗压强度可知:打印试件略小于铸模试件,但是二者相差不大,在某些特定配合比下甚至高于铸模试件28 d抗压强度,譬如单掺15%的净水剂废渣。

对比基准组打印试件28 d抗折强度,掺加NSS对抗折强度有一定的改善作用,随着NSS掺量的增加先上升后下降,原因是掺加NSS使得浆体黏性增强,层间黏结力增大,抗折强度增大。掺加净水剂废渣对抗折强度的影响不大,当废渣掺量较大(20%)时,抗折强度会出现明显降低,这和铸模试件掺加净水剂废渣会使得其抗折强度提升的现象不一致,可能原因是打印试件直接暴露在空气中,水分蒸发得更快,水泥水化不足,导致浆体碱性环境较差,净水剂废渣没有参与反应。掺NSS改性净水剂废渣28 d抗折强度同基准组相差不大,但是明显好于单掺净水剂废渣,主要原因是NSS增强了打印浆体层间黏性。

掺加NSS打印试件同基准组打印试件28 d抗压强度的差距不大,随着NSS掺量的增加,抗压强度呈现先增大后减小的趋势,同铸模试件规律一致,原因也相同。对比基准组打印试件28 d抗压强度,掺加净水剂废渣打印试件下降幅度很小,可能原因是净水剂废渣虽未完全参与水化反应,但是将其加入水泥,优化了水泥颗粒级配,提供了物理填充作用,提高了抗压强度。综合比较打印试件的抗压强度和抗折强度发现:掺NSS改性净水剂废渣能获得较高的抗压强度和抗折强度,其28 d抗压强度高于单掺NSS以及单掺净水剂废渣的打印试件,主要原因是NSS和净水剂废渣两种材料充分发挥了各自的特点,互为补充。

7.5 打印混凝土水化产物及微观结构特征

为了研究 NSS 及净水剂废渣与 3D 打印混凝土水化产物及微观形貌特征，揭示 NSS 以及净水剂废渣改性 3D 打印混凝土的组成、结构和性能之间的关系，本节对单掺 NSS、单掺净水剂废渣以及掺 NSS 改性净水剂废渣 3D 打印混凝土水化产物以及微观形貌进行了分析。

7.5.1 水化产物及微观结构特征

本试验对基准对照组、单掺 NSS(0.5%、1%、1.5%、2%)、单掺净水剂(5%、10%、15%、20%)废渣以及掺 NSS 改性净水剂废渣(10%的净水剂废渣同 0.5%、1%、1.5%、2%NSS 混掺)的混凝土试件进行 X 射线分析。标准养护至 7 d、28 d，破碎取样，将所取样品浸泡在无水乙醇中，中断砂浆水化进程。送检前将取出样品放入烘箱，在 105 ℃条件下烘干，研磨过筛(200 目)，最后装样送检。之后将检测结果数据利用 Jade 软件进行读谱分析，并用 origin 软件进行函数绘制。

由图 7-7 可知：砂浆中晶态水化产物含量较多的物质是 $Ca(OH)_2$、$CaCO_3$ 以及未反应的硅酸三钙，对比基准组 7 d 和 28 d 的各曲线峰值，可以发现随着时间的增加，水泥水化程度加深，$CaCO_3$ 曲线峰值提高，结晶度提升。

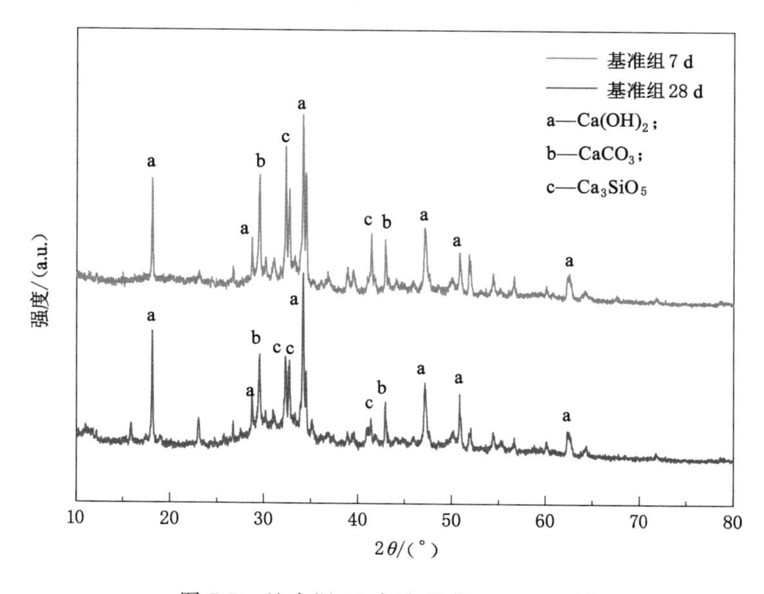

图 7-7 纯水泥 3D 打印混凝土 XRD 图像

由图7-8可知：掺加NSS的混凝土的主要晶态水化产物为碳酸钙、氢氧化钙、未反应的硅酸三钙以及Al_2O_3，随着NSS掺量的增加，其水化产物的结晶度有所上升，从图中可以发现其基线随着NSS掺量的增加更加平滑，但是观察其曲线峰值变化不大。随着时间的增加，其水化产物生成量逐渐增加。对比图7-8(a)、图7-8(b)可以发现：28 d时Al_2O_3消失，说明随着时间的增加，Al_2O_3参与了水化。

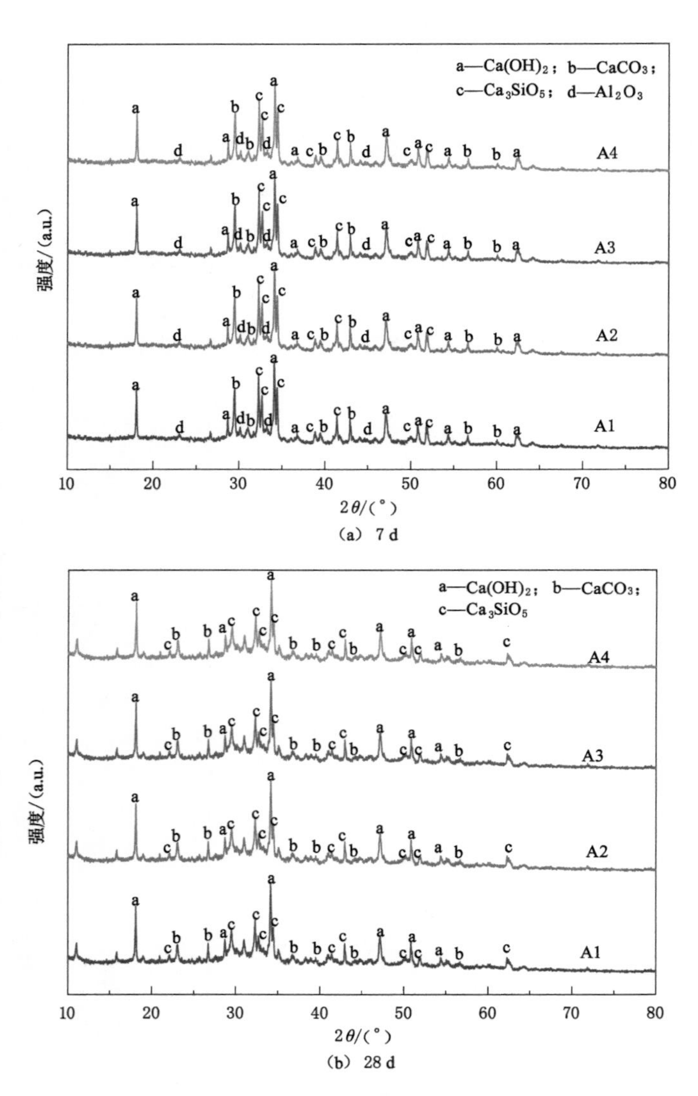

图7-8 单掺NSS 3D打印混凝土XRD图像

由图 7-9 可知：掺加净水剂废渣的混凝土的主要晶态水化产物为碳酸钙、氢氧化钙、部分未反应的硅酸三钙和 Al_2O_3，随着净水剂废渣掺量的增加，其水化产物并没有产生太大的变化。随着时间的增加，对比 28 d 和 7 d 的 XRD 图像可以发现 28 d 时出现了 SiO_2，说明仍有部分废渣没有参与反应。

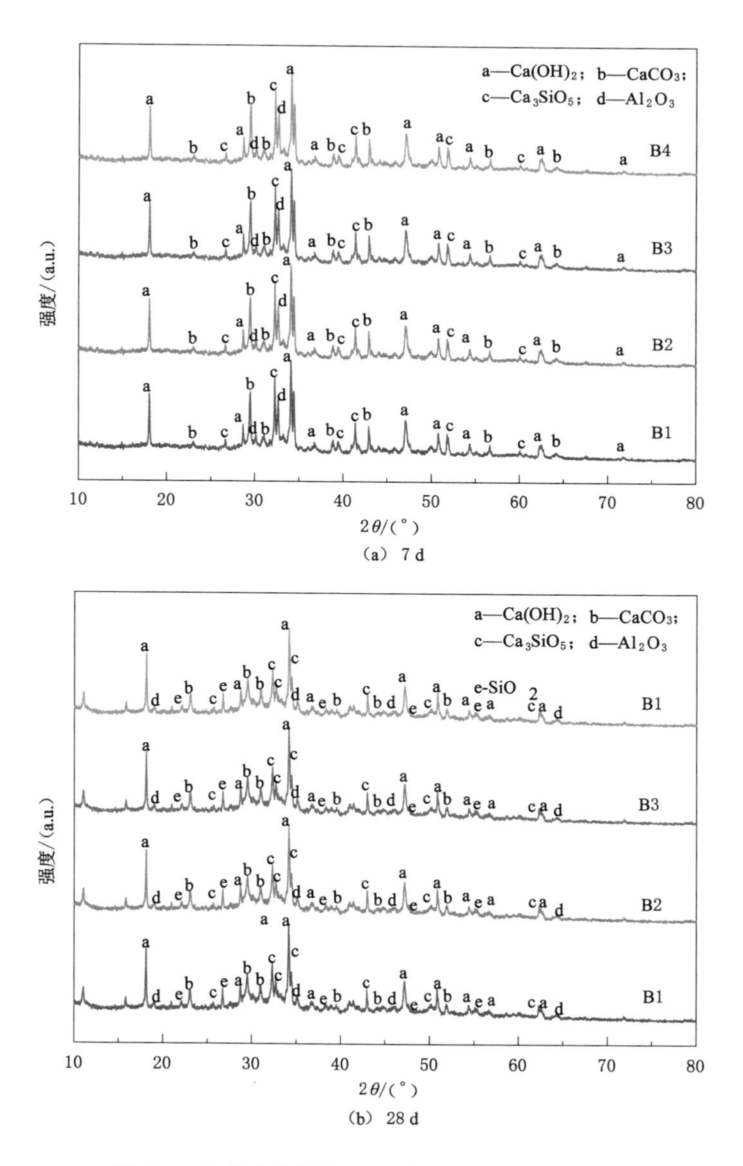

(a) 7 d

(b) 28 d

图 7-9 单掺净水剂废渣 3D 打印混凝土 XRD 图像

由图7-10可知：7 d时，对比单掺净水剂废渣的混凝土，掺NSS改性净水剂废渣，其水化产物中生成的$CaCO_3$更多，以及未反应的二氧化硅增加，可能原因是二者混掺时净水剂废渣先参与了水化反应，而NSS未反应完全；对比单掺NSS的混凝土，单掺NSS中含有部分Al_2O_3，而掺NSS改性净水剂废渣则未看到。此外，当掺NSS改性净水剂废渣时，随着NSS掺量的增加其水化产物变化不大。28 d时，随着时间的增加，水化产物增加，7 d时未反应完的二氧化硅已经完全参与反应。

7.5.2　NSS掺量对水化产物及微观结构特征的影响

本试验使用的是德国Carl Zeiss NTS GmbH生产的Merlin Com净水剂t型扫描电子显微镜对不同NSS掺量3D打印混凝土水化产物形貌进行观察。试验时取养护至7 d、28 d的破碎的试块，将试样烘干，随后把试样固定在样品台，将测试样品表面喷金提高其导电性，最后把试样放入扫描电镜中进行试验，其微观测试结果如图7-11所示。

由图7-11可知：同基准组相比，7 d时，掺入NSS使得浆体中的针状细小的钙矾石、绒球状铝胶、C-S-H凝胶等水化产物增加。随着时间的增加，28 d时，生成的钙矾石和C-S-H凝胶数量变化不大，但浆体结构趋于密实，说明掺加NSS在7 d时浆体水化基本完成。

7.5.3　净水剂废渣掺量对水化产物及微观结构的影响

利用SEM观测不同净水剂废渣掺量的3D打印混凝土水化产物形貌特征，其测试结果如图7-12所示。由图7-12可知：同基准组相比，7 d时，在掺加净水剂废渣的混凝土，其浆体结构比较疏松，C-S-H凝胶数量较少，凝胶体积更小；但是当净水剂废渣掺量为5%时，图7-12(c)中可以发现其水化产物较基准组更丰富，生成了大量的C-S-H凝胶，且在孔隙中可以发现针状的钙矾石相互交织，支撑起了孔洞。28 d时，随着时间的增加，水化程度加深，生成的C-S-H凝胶和钙矾石的数量增加，浆体结构更密实。

不同掺量的净水剂废渣混凝土水化产物的形貌特征相比较：7 d时，随着净水剂废渣掺量的增加，其浆体结构愈发疏松，尤其是废渣掺量为20%时［图7-12(i)］可以发现：水化产物中钙矾石数量较多，凝胶较少，微孔洞较大，主要原因是水泥的减少，浆体内碱性环境较差，净水剂废渣的火山灰反应程度低。28 d时，浆体结构更为密实，但是同7 d时相比，水化产物增量不明显。

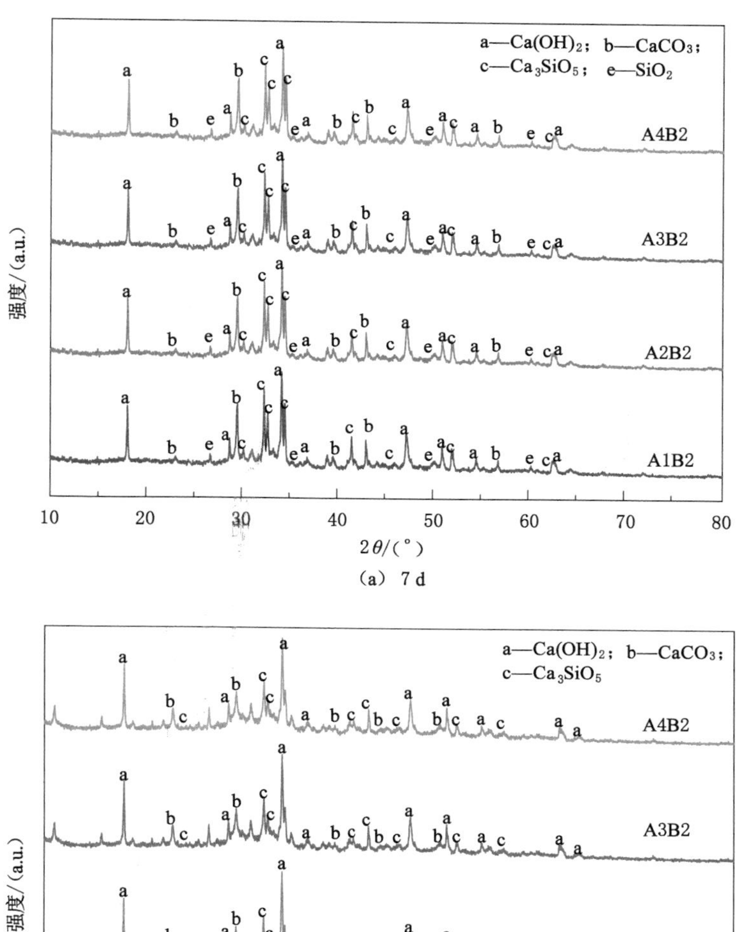

(a) 7 d

(b) 28 d

图7-10 掺NSS改性净水剂废渣3D打印混凝土XRD图像

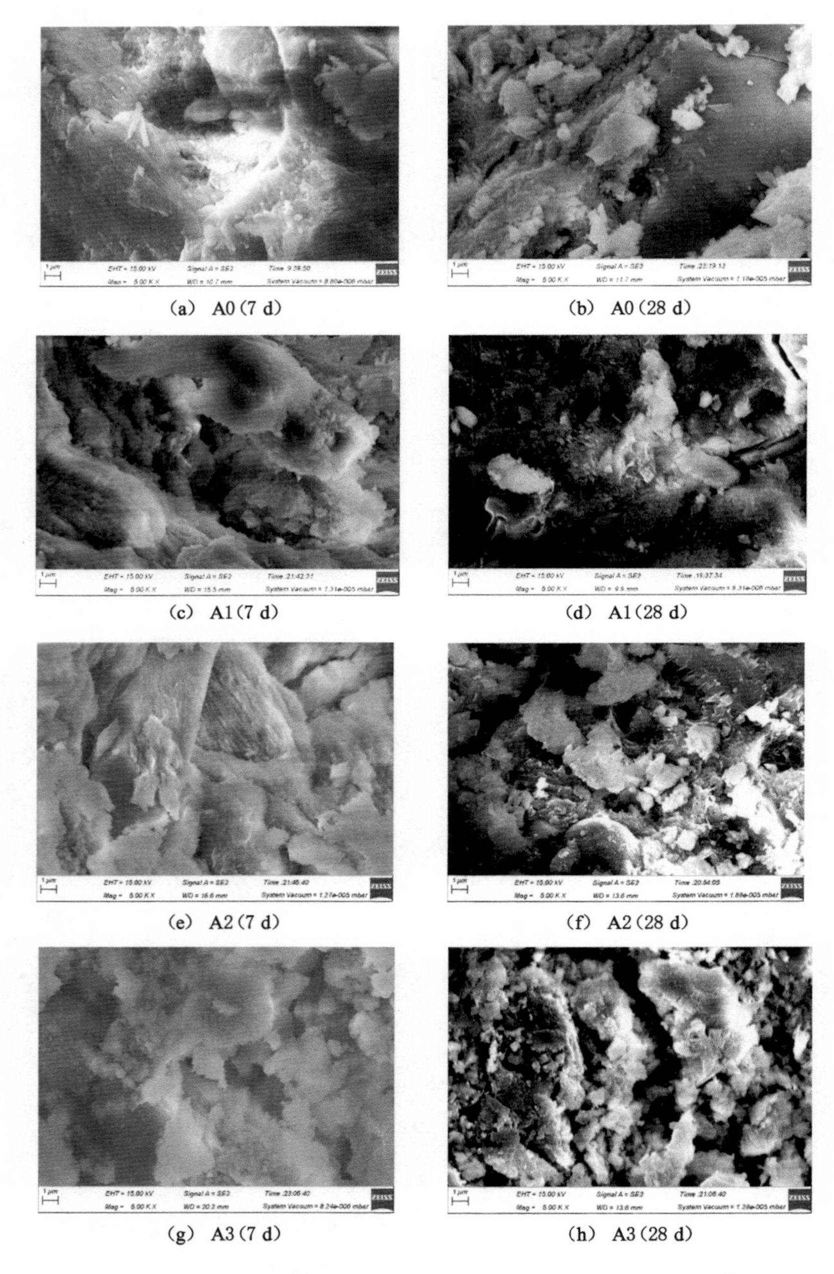

(a) A0(7 d)　(b) A0(28 d)

(c) A1(7 d)　(d) A1(28 d)

(e) A2(7 d)　(f) A2(28 d)

(g) A3(7 d)　(h) A3(28 d)

图 7-11　不同 NSS 掺量时混凝土水化 7 d、28 d 时的 SEM 图像

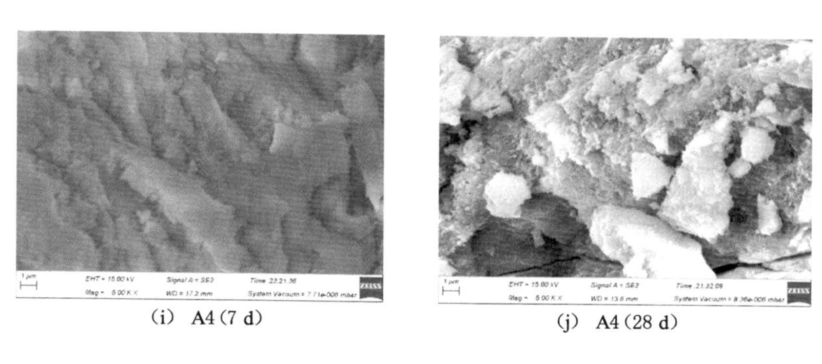

(i) A4(7 d)　　(j) A4(28 d)

图 7-11(续)

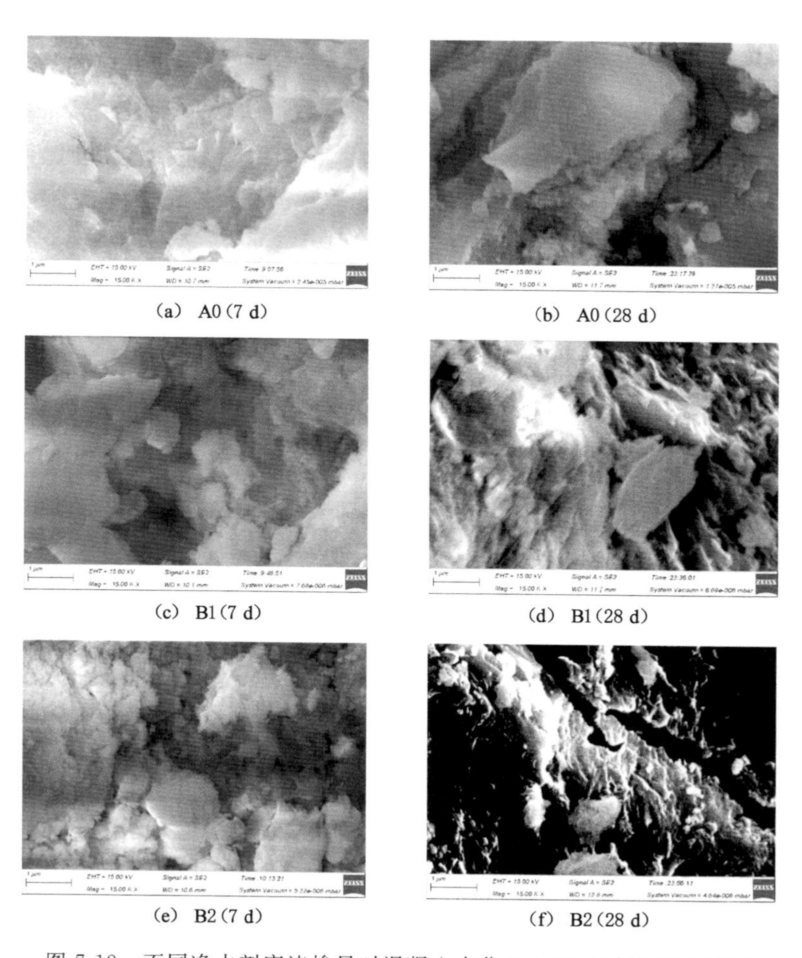

(a) A0(7 d)　　(b) A0(28 d)

(c) B1(7 d)　　(d) B1(28 d)

(e) B2(7 d)　　(f) B2(28 d)

图 7-12　不同净水剂废渣掺量时混凝土水化 7 d、28 d 时的 SEM 图像

(g) B3(7 d)　(h) B3(28 d)

(i) B4(7 d)　(j) B4(28 d)

图 7-12(续)

7.6 本章小结

(1) 掺加 NSS 可改善打印混凝土的抗折强度、抗压强度，尤其是 7 d 前的抗折强度、抗压强度，随着 NSS 掺量的上升，抗折强度、抗压强度呈现先上升后下降的趋势，最佳掺量为 1%。掺加净水剂废渣能够提升打印混凝土早期的力学强度，但是后期力学性能同基准(纯水泥)组相比有所下降，随着净水剂废渣掺量的上升，抗折强度、抗压强度呈现先上升后下降的趋势，掺量为 10% 左右时，力学性能差异不大。掺 NSS 改性净水剂废渣对早期力学性能提升明显，且后期力学性能表现较好。

(2) 3D 打印工艺同铸模工艺相比，力学性能差异明显。3D 打印混凝土试样 28 d 抗折强度同铸模试样 28 d 抗折强度相比，强度损失率为 39%～68%；二者 28 d 抗压强度差异较小，强度损失率为 4%～38%。

(3) 掺加 NSS 主要改善 3D 打印混凝土试样的抗折性能，掺加净水剂废渣主要改善 3D 打印混凝土试样的抗压性能，掺 NSS 改性净水剂废渣能够获得良好的抗折强度和抗压强度。

（4）XRD分析表明：掺加NSS和净水剂废渣并没有使得3D打印混凝土水化产物类型发生太大改变，主要晶态水化产物为$Ca(OH)_2$、$CaCO_3$以及未反应的硅酸钙。SEM分析表明：掺加NSS使得7 d时的砂浆水化产物增加，微结构更加密实，加快了砂浆水化速度；掺加净水剂废渣7 d时生成的水化产物较少，微孔隙较多。随着时间增加，水化产物增加，微孔隙减少，结构趋于密实。

8 主要结论及展望

8.1 主要结论

本书系统分析了PAC废渣的活性指数和相关物理特性;基于水泥替代法和浆体替代法,研究了PAC废渣掺量对砂浆强度和耐久性的影响;基于系统试验研究与测试分析,揭示了PAC废渣对砂浆及3D打印混凝土性能影响的机理。主要结论如下:

(1) 常温下PAC废渣活性指数结果表明:粒径在0.075 mm以下时活性指数最高,为74.96%;经高温(300 ℃、600 ℃、900 ℃)煅烧后PAC废渣活性指数均有所提高,600 ℃时增幅最大,活性指数为85.10%。

(2) PAC废渣物理特性的测试表明:废渣的密度、粒度和需水量比随煅烧温度升高而增大,PAC废渣密度、中值粒径和需水量比在常温时分别为2.237 g/cm^3、28.19 μm和107%,900 ℃时分别为2.528 g/cm^3、36.11 μm和114%;常温和煅烧后的PAC废渣的主要化学成分为SiO_2和Al_2O_3等,主要矿物成分包括石英和钙钛矿等,可作为活性掺合料使用。

(3) PAC废渣水泥砂浆的稠度和抗压强度试验结果表明:砂浆稠度值随废渣掺量增加而下降。基于水泥替代法,砂浆28 d和56 d抗压强度随着废渣掺量增加呈现先上升后下降的趋势,掺量为5%时抗压强度达到最大值;基于浆体替代法,砂浆28 d和56 d强度随废渣掺量增加呈现上升趋势。掺热活化PAC废渣砂浆强度试验结果表明:随着煅烧温度的升高,砂浆强度呈现先升高后降低的趋势,600 ℃时达到最大值,根据相关结果,分析利用了韦伯方程模型,建立了抗压强度与煅烧温度和龄期的函数方程。

(4) PAC废渣水泥砂浆孔结构参数和抗冻融性能试验结果表明:采用水泥替代法时,PAC废渣掺量为5%时,砂浆孔隙率越小,抗冻融性能越优;而采用浆体替代法时,砂浆孔隙率随掺量增加呈上升趋势;抗冻融性能呈下降趋势。

(5) 基于浆体替代条件,PAC废渣水泥砂浆干缩试验结果表明:废渣不仅能降低水泥用量，还能够改善砂浆的体积稳定性，且替代量越高效果越好。

(6) 基于水泥替代法，选取了 0.8-0、0.8-5%、0.8-20% 以及热活化 0.8-20%-300 ℃、0.8-20%-600 ℃、0.8-20%-900 ℃等 6 组配合比进行 SEM 试验，发现 PAC 废渣掺量为 5%时砂浆微结构较为致密，随着掺量增加，砂浆的微结构变得疏松多孔；掺入热活化 PAC 废渣后，砂浆的微结构变得致密，600 ℃时最优，此时的 PAC 废渣活性最高，参与水泥水化反应的总量较多，填充砂浆的孔隙，提高砂浆强度。

基于浆体替代法，选取了 5 组配合比：0.8-2% 和 0.8-8% 以及热活化 0.8-8%-300 ℃、0.8-8%-600 ℃和 0.8-8%-900 ℃进行 SEM 试验，发现在减水剂的作用下，PAC 废渣发挥了自身的火山灰效应和填充作用，填充砂浆孔隙，使得砂浆微结构变得致密，且掺量越高砂浆致密性越好；掺入热活化 PAC 废渣的结果与水泥替代法相同，600 ℃时最优。

(7) 掺净水剂废渣能够提升打印混凝土早期的力学强度，随着净水剂废渣掺量的增加，抗折强度和抗压强度呈现先增大后减小的趋势，掺量不超过 10%，同基准组 28 d 抗折强度、抗压强度相比力学性能大致相当。掺 NSS 改性净水剂废渣对 3D 打印混凝土早期力学性能提升明显，且后期力学性能表现较好。3D 打印混凝土工艺同传统浇筑混凝土工艺相比，混凝土试样抗折强度差异较大，二者 28 d 抗折强度相差 39%～68%；抗压强度相差较小，二者 28 d 抗压强度相差 4%～38%。

(8) XRD 测试分析表明：掺 NSS 和净水剂废渣 3D 打印混凝土的主要晶态水化产物为 $Ca(OH)_2$、$CaCO_3$、硅酸三钙。SEM 分析表明：掺 NSS 使得 7 d 时的砂浆水化产物增加，微结构更加密实；掺净水剂废渣 7 d 时生成的水化产物较少，微孔隙较多；随着时间增加，水化产物增加，微孔隙减少。

8.2 展望

本书将 PAC 废渣应用于砂浆和混凝土中，研究了 PAC 废渣砂浆力学性能和耐久性能，揭示了 PAC 废渣对砂浆和混凝土稠度、抗压强度、抗冻融性能和干缩性能的影响规律。受试验条件及时间等因素影响，相关内容有待进一步深入研究，具体如下：

(1) 研究过程仅分析了 PAC 废渣对砂浆抗压强度、抗冻融性能和干缩性能的影响，相关研究仅限于试验研究分析，相关理论研究有待深入。

(2) 研究过程将 PAC 废渣作为掺合料，分析了单掺热活化 PAC 废渣对砂浆抗压强度和砂浆综合性能的影响，更为全面的耐久性研究有待开展。

（3）在 3D 打印 PAC 废渣混凝土性能试验研究中，主要对 NSS 改性净水剂废渣 3D 混凝土可打印性和力学性能进行了分析，只研究了掺量变化对打印成品强度和变形的影响，相关耐久性及应用研究还有待深入。

参考文献

[1] 刘君君,赵选英,杨峰,等.利用含铝废盐酸制备聚合氯化铝[J].化工环保,2019,39(4):458-462.

[2] 杜凯峰,汪兴兴,倪红军,等.以含铝资源制备聚合氯化铝及其工艺研究进展[J].现代化工,2018,38(8):48-51.

[3] CHATTERJEE T,CHATTERJEE S,LEE D S,et al. Coagulation of soil suspensions containing nonionic or anionic surfactants using chitosan,polyacrylamide,and polyaluminium chloride[J]. Chemosphere,2009,75(10):1307-1314.

[4] SINGH S S, DIKSHIT A K. Optimization of the parameters for decolourization by Aspergillus niger of anaerobically digested distillery spentwash pretreated with polyaluminium chloride[J]. Journal of hazardous materials, 2010,176(1/2/3):864-869.

[5] SHIRASAKI N,MATSUSHITA T,MATSUI Y,et al. Improved virus removal by high-basicity polyaluminum coagulants compared to commercially available aluminum-based coagulants[J]. Water research, 2014, 48: 375-386.

[6] XUE M,GAO B,LI R,et al. Aluminum formate (AF):synthesis,characterization and application in dye wastewater treatment[J]. Journal of environmental sciences,2018,74:95-106.

[7] 刘三军,刘永,李向阳,等.用铝土矿选矿尾矿制备聚合氯化铝及污水处理试验研究[J].湿法冶金,2020,39(6):539-542.

[8] 李晴淘,张淳之,周吉峙,等.改性聚铝废渣对污泥脱水性能的影响[J].工业水处理,2019,39(12):79-81.

[9] 焦洪军.粉煤灰制备聚氯化铝(PAC)的研究[D].兰州:兰州理工大学,2008.

[10] ZOUBOULIS A I, TZOUPANOS N. Alternative cost-effective preparation method of polyaluminium chloride (PAC) coagulant agent:characterization and comparative application for water/wastewater treatment[J]. Desali-

nation,2010,250(1):339-344.

[11] 柴彬.聚合氯化铝制备条件优化与应用研究[D].成都:西南交通大学,2017.

[12] 邵宏谦,朱传俊,李琳,等.生活饮用水用聚氯化铝技术指标和分析方法研究[J].无机盐工业,2015,47(3):52-55.

[13] 李文清,邹萍.高纯聚氯化铝的制备及研究进展[J].无机盐工业,2020,52(1):30-34.

[14] YUAN W. Reaction products and resistance to chemical attack of geopolymers synthesized from ore-dressing tailings of bauxite[J]. Chemic society(in Chinese),2010,38(9):1735-1740.

[15] 何青峰,曾利群,何朝晖,等.除氯处理的PAC废渣的细度和掺量对水泥性能影响的研究[J].无机盐工业,2020,52(4):84-87.

[16] 李娜,向浩,鲁义军,等.聚合氯化铝生产废渣的处理与利用[J].化工学报,2011,62(5):1441-1447.

[17] 黄丹,王功勋,卢胜男,等.水热条件下陶瓷抛光砖粉的水化活性[J].硅酸盐通报,2016,35(2):561-567.

[18] ZHU J,WU P W,CHAO Y H,et al. Recent advances in 3D printing for catalytic applications[J]. Chemical engineering journal,2021,433:134341.

[19] JANDYAL A,CHATURVEDI I,WAZIR I,et al. 3D printing-A review of processes,materials and applications in industry 4.0[J]. Sustainableoperations and computers,2022,3:33-42.

[20] 徐卓越,李辉,张大旺,等.建筑3D打印用胶凝材料及其相关性能研究进展[J].材料导报,2023,37(12):93-106.

[21] 马敬畏,蒋正武,苏宇峰.3D打印混凝土技术的发展与展望[J].混凝土世界,2014(7):41-46.

[22] DE SCHUTTER G, LESAGE K, MECHTCHERINE V, et al. Vision of 3D printing with concrete: technical, economic and environmental potentials[J]. Cement and concrete research,2018,112:25-36.

[23] 任常在,王文龙,李国麟,等.固废基硫铝酸盐胶凝材料用于建筑3D打印的特性与过程仿真[J].化工学报,2018,69(7):3270-3278.

[24] 鲍忠正.赤泥基无熟料水泥的制备与应用[D].徐州:中国矿业大学,2016.

[25] 展光美.赤泥地聚合物制备技术及耐久性试验研究[D].徐州:中国矿业大学,2016.

[26] LASSEUGUETTE E, BURNS S, SIMMONS D, et al. Chemical,micro-

structural and mechanical properties of ceramic waste blended cementitious systems[J]. Journal of cleaner production,2019,211:1228-1238.

[27] 丁一宁,董惠文,曹明莉. 陶瓷废弃物粉末火山灰活性的研究[J]. 建筑材料学报,2015,18(5):867-872.

[28] CHENG Y H, HUANG F,LI W C,et al. Test research on the effects of mechanochemically activated iron tailings on the compressive strength of concrete[J]. Construction and building materials,2016,118:164-170.

[29] 崔孝炜,邓惋心,赵雨曦,等. 利用铁尾矿作为混凝土掺和料的基础研究[J]. 非金属矿,2020,43(4):88-91.

[30] 肖莉娜,朱街禄. 铜尾矿粉基复合胶凝材料水化特性研究[J]. 非金属矿,2020,43(2):61-63.

[31] YE N,CHEN Y,YANG J,et al. Transformations of Na,Al,Si and Fe species in red mud during synthesis of one-part geopolymers[J]. Cement and concrete research,2017,101:123-130.

[32] YE N,YANG J,LIANG S,et al. Synthesis and strength optimization of one-part geopolymer based on red mud[J]. Construction and building materials,2016,111:317-325.

[33] 海然,王帅旗,刘盼,等. 热活化温度对氧化铝赤泥反应 活性的影响及机理研究[J]. 无机盐工业,2019,51(9):72-75.

[34] 杨芳,韩涛,靳秀芝,等. 热活化对赤泥物相及活性的影响[J]. 粉煤灰综合利用,2015,28(2):3-5.

[35] CAO Z,CAO Y D,DONG H J,et al. Effect of calcination condition on the microstructure and pozzolanic activity of calcined coal gangue[J]. International journal of mineral processing,2016,146:23-28.

[36] BAYAT A,HASSANI A,YOUSEFI A A. Effects of red mud on the properties of fresh and hardened alkali-activated slag paste and mortar[J]. Construction and building materials,2018,167:775-790.

[37] 黄小川,刘长江,王梦斐,等. 地聚物的性能影响因素研究及其应用进展综述[J]. 人民长江,2021,52(1):158-166.

[38] 杜天玲,刘英,于咏妍,等. 水玻璃对粉煤灰矿渣地聚合物强度的影响及激发机理[J]. 公路交通科技,2021,38(1):41-49.

[39] NADOUSHAN G,JAFARI M,RAMEZANIANPOUR,et al. The effect of type and concentration of activators on flowability and compressive strength of natural pozzolan and slag-based geopolymers[J]. Construc-

tion and building materials,2016:337-347.

[40] 冀文明,梁冰,金佳旭,等.复合激发矿渣胶凝材料配比优选试验研究[J].非金属矿,2020,43(5):95-98.

[41] 党海笑,张金喜,王建刚.水玻璃模数对碱激发赤泥胶凝材料性能影响研究[J].有色金属(冶炼部分),2020(9):115-119,126.

[42] 关琥,陈霁溪,高扬,等.NaOH碱激发煤矸石胶砂试块力学性能及微观结构[J].西安科技大学学报,2020,40(4):658-664.

[43] 徐干成,袁伟泽,关伟,等.碱激发高强混凝土工作性及强度特性影响研究[J].工业建筑,2018,48(12):120-124.

[44] 何青峰,曾利群,何朝晖,等.除氯处理的PAC废渣的细度和掺量对水泥性能影响的研究[J].无机盐工业,2020,52(4):84-87.

[45] 李娜,向浩,鲁义军,等.聚合氯化铝生产废渣的处理与利用[J].化工学报,2011,62(5):1441-1447.

[46] 勾密峰,黄飞,王思军,等.煅烧铝土矿尾矿对水泥凝结时间的影响[J].材料导报,2015,29(18):100-102,112.

[47] GHALEHNOVI M,ROSHAN N,HAKAK E,et al. Effect of red mud (bauxite residue) as cement replacement on the properties of self-compacting concrete incorporating various fillers[J]. Journal of cleaner production,2019,240:118213.

[48] GHALEHNOVI M,ASADI SHAMSABADI E,KHODABAKHSHIAN A,et al. Self-compacting architectural concrete production using red mud[J]. Construction and building materials,2019,226:418-427.

[49] VENKATESH C,NERELLA R,SRI RAMA CHAND M. Comparison of mechanical and durability properties of treated and untreated red mud concrete[J]. Materialstoday:proceedings,2020,27:284-287.

[50] MATOS P R,OLIVEIRA A L,PELISSER F,et al. Rheological behavior of Portland cement pastes and self-compacting concretes containing porcelain polishing residue[J]. Construction and building materials,2018:175:508-518.

[51] STEINER L R,BERNARDIN A M,PELISSER F. Effectiveness of ceramic tile polishing residues as supplementary cementitious materials for cement mortars[J]. Sustainablematerials and technologies,2015,4:30-35.

[52] 王晨霞,张杰,曹芙波.粉煤灰掺量对再生混凝土力学性能和抗冻性的影响研究[J].硅酸盐通报,2017,36(11):3778-3783,3809.

[53] 崔正龙,李静.粉煤灰掺量对不同骨料混凝土长期强度的影响[J].硅酸盐通报,2017,36(7):2310-2314.

[54] 宋维龙,朱志铎,浦少云,等.碱激发二元/三元复合工业废渣胶凝材料的力学性能与微观机制[J].材料导报,2020,34(22):22070-22077.

[55] ZHU P,MAO X Q,QU W,et al. Investigation of using recycled powder from waste of clay bricks and cement solids in reactive powder concrete[J]. Construction and building materials,2016,113:246-254.

[56] MENDES T M,GUERRA L,MORALES G. Basalt waste added to Portland cement[J]. Actascientiarum technology,2016,38(4):431.

[57] 李士洋.矿物质掺合料对混凝土强度和渗透性能的影响研究[D].哈尔滨:哈尔滨工程大学,2018.

[58] 肖佳,郭明磊,何彦琪,等.大理石粉对水泥基胶凝材料性能影响研究[J].混凝土,2016(1):99-102.

[59] 黄斌,龚明子,袁忠标.石材石粉对路面混凝土性能的影响[J].公路,2018,63(5):252-255.

[60] 唐守峰,尹立愿,李北星,等.矿粉掺量对受酸雨侵蚀混凝土性能劣化规律的影响[J].混凝土与水泥制品,2018(6):16-19.

[61] 杭美艳,杨冉.矿物掺合料对泡沫混凝土的性能影响[J].硅酸盐通报,2018,37(4):1480-1486.

[62] KWAN A H,LI L G,FUNG W S. Wet packing of blended fine and coarse aggregate[J]. Materials and structures,2012,45(6):817-828.

[63] KWAN A K H,MCKINLEY M,CHEN J J. Adding limestone fines as cement paste replacement to reduce shrinkage of concrete[J]. Magazine of concrete research,2013,65(15):942-950.

[64] CHEN J J,KWAN A K H,JIANG Y. Adding limestone fines as cement paste replacement to reduce water permeability and sorptivity of concrete[J]. Construction and building materials,2014,56:87-93.

[65] 黄政宏.大理石粉对砂浆性能的影响研究[D].广州:广东工业大学,2018.

[66] 王宇谋.花岗岩石粉对砂浆性能的影响研究[D].广州:广东工业大学,2018.

[67] 林佐宏.再生砖粉砂浆和混凝土性能试验研究[D].广州:广东工业大学,2019.

[68] 卓振尧.陶瓷抛光粉对砂浆性能影响的试验研究[D].广州:广东工业大学,2019.

[69] LI L G, WANG Y M, TAN Y P, et al. Adding granite dust as paste replacement to improve durability and dimensional stability of mortar[J]. Powder technology, 2018, 333: 269-276.
[70] LI L G, HUANG Z H, TAN Y P, et al. Use of marble dust as paste replacement for recycling waste and improving durability and dimensional stability of mortar[J]. Construction and building materials, 2018, 166: 423-432.
[71] LI L G, HUANG Z H, TAN Y P, et al. Recycling of marble dust as paste replacement for improving strength, microstructure and eco-friendliness of mortar[J]. Journal of cleaner production, 2019, 210: 55-65.
[72] LI L G, WANG Y M, TAN Y P, et al. Filler technology of adding granite dust to reduce cement content and increase strength of mortar[J]. Powder technology, 2019, 342: 388-396.
[73] LING S K, KWAN A K H. Adding limestone fines as cementitious paste replacement to lower carbon footprint of SCC[J]. Construction and building materials, 2016, 111: 326-336.
[74] 高帅，吴岳峻，唐海涛，等. 碱矿渣-粉煤灰砂浆的耐高温性能及孔结构研究[J]. 混凝土与水泥制品，2021(1): 90-94.
[75] 姜帆，刘小全. 钢渣-粉煤灰预拌砂浆的试验研究[J]. 新型建筑材料，2020，47(12): 56-59，102.
[76] 潘俊明，孙晋超，阮波. 矿物掺合料对蒸养水泥砂浆强度和干缩性能的影响[J]. 中外公路，2020，40(5): 249-252.
[77] SULAEM M L, TALUKDAR S. Development of ultrafine slag-based geopolymer mortar for use as repairing mortar[J]. Journal of materials in civil engineering, 2017, 29(5): 04016292.
[78] 王学明，朱梦伟，袁俊，等. 超细矿渣和超细偏高岭土对砂浆抗盐侵蚀性能的影响[J]. 电子显微学报，2019，38(3): 245-251.
[79] 杨世玉，赵人达，靳贺松，等. 地聚物砂浆的力学性能与孔结构分形特征分析[J]. 华南理工大学学报(自然科学版)，2020，48(3): 126-135.
[80] BAYAT A, HASSANI A, YOUSEFI A A. Effects of red mud on the properties of fresh and hardened alkali-activated slag paste and mortar[J]. Construction and building materials, 2018, 167: 775-790.
[81] 陈挺娴. 赤泥固化及赤泥-秸秆轻质砂浆的制备研究[D]. 马鞍山：安徽工业大学，2019.

[82] STEINER L R, BERNARDIN A M, PELISSER F. Effectiveness of ceramic tile polishing residues as supplementary cementitious materials for cement mortars[J]. Sustainable materials and technologies, 2015, 4: 30-35.

[83] 杨斯豪. 改性工业碱渣对湿拌砂浆性能的影响研究[D]. 广州:广州大学,2020.

[84] 宋嵘杰. 碱渣-矿渣-电石渣-粉煤灰复合胶凝材料的强度与微观组成[D]. 秦皇岛:燕山大学,2020.

[85] LI H, XIAO H, YUAN J, et al. Microstructure of cement mortar with nano-particles[J]. Composites part B: engineering, 2004, 35(2): 185-189.

[86] BEHFARNIA K, ROSTAMI M. Effects of micro and nanoparticles of SiO_2 on the permeability of alkali activated slag concrete[J]. Construction and building materials, 2017, 131: 205-213.

[87] 张婉冰,张付申. 3D 打印技术在固体废弃物资源循环中的应用[J]. 中国环境科学,2021,41(5): 2299-2310.

[88] GÜNEYISI E, GESOGLU M, AL-GOODY A, et al. Fresh and rheological behavior of nano-silica and fly ash blended self-compacting concrete[J]. Construction and building materials, 2015, 95: 29-44.

[89] MASTALI M, DALVAND A. Use of silica fume and recycled steel fibers in self-compacting concrete (SCC)[J]. Construction and building materials, 2016, 125: 196-209.

[90] SIKORA P, CHOUGAN M, CUEVAS K, et al. The effects of nano- and micro-sized additives on 3D printable cementitious and alkali-activated composites: a review[J]. Applied nanoscience, 2022, 12(4): 805-823.

[91] 王栋民,李小龙,刘泽. 粉煤灰/磷渣微粉改性水泥基 3D 打印材料的制备与工作性研究[J]. 硅酸盐通报,2020,39(8): 2372-2378.

[92] 李维红,常西栋,王乾,等. 矿物掺合料对 3D 打印水泥基材料性能的影响[J]. 硅酸盐通报,2020,39(10): 3101-3107.

[93] 张雷苏,何胜豪,周华飞,等. 矿渣掺量对粉煤灰基地质聚合物混凝土高温性能的影响[J]. 新型建筑材料,2020,47(10): 36-39.

[94] 魏玮,杨涛. 高流动性 3D 打印水泥基材料制备及性能研究[J]. 混凝土与水泥制品,2021(2): 8-12.

[95] 赵颖,刘维胜,王欢,等. 石灰石粉对 3D 打印水泥基材料性能的影响[J]. 材料导报,2020,34(增 2): 217-220.

[96] 李娜,向浩,鲁义军,等.聚合氯化铝生产废渣的处理与利用[J].化工学报,2011,62(5):1441-1447.

[97] 高建阳,王少武,陈玉海,等.一种使用PAC酸性废渣制备铝酸钙的方法和铝酸钙:CN111634933B[P].2022-08-30.

[98] 蔡卫权,曹景顺,刘贝贝.一种聚合氯化铝废渣酸法回收制备氢氧化铝的方法:CN106241843A[P].2016-12-21.

[99] 郑晓冬,蒋银峰,李娜,王桂玉.一种利用PAC残渣联产聚硅硫酸铝铁和废水处理粉剂的方法:CN104512951A[P].2016-05-04.

[100] 李晴淘,张淳之,周吉峙,等.改性聚铝废渣对污泥脱水性能的影响[J].工业水处理,2019,39(12):79-81.

[101] 岳钦艳,岳东亭,高宝玉,等.一种以聚合氯化铝废渣和赤泥为主料的免烧砖及其制备方法:CN103553492A[P].2014-02-05.

[102] 高红莉,赵风兰,王钰涵,等.聚合氯化铝工业废渣生产硅肥实验研究[J].矿产综合利用,2022(5):15-19.

[103] 何青峰,曾利群,何朝晖,等.除氯处理的PAC废渣的细度和掺量对水泥性能影响的研究[J].无机盐工业,2020,52(4):84-87.

[104] 国家质量监督检验检疫总局,中国国家标准化管理委员会.高强高性能混凝土用矿物外加剂:GB/T 18736—2017[S].北京:中国标准出版社,2018.

[105] 国家质量监督检验检疫总局,中国国家标准化管理委员会.水泥化学分析方法:GB/T 176—2017[S].北京:中国标准出版社,2017.

[106] 国家质量监督检验检疫总局,中国国家标准化管理委员会.水泥密度测定方法:GB/T 208—2014[S].北京:中国标准出版社,2014.

[107] 国家质量监督检验检疫总局,中国国家标准化管理委员会.用于水泥中的火山灰质混合材料:GB/T 2847—2005[S].北京:中国标准出版社,2006.

[108] 中国建筑材料联合会.水泥胶砂强度试验方法(ISO法):GB/T 17671—2021[S].北京:中国标准出版社,2021.

[109] 蒲心诚.高强与高性能混凝土火山灰效应的数值分析[J].混凝土,1998(6):13-23.

[110] 中华人民共和国住房和城乡建设部.建筑砂浆基本性能试验方法标准:JGJ/T 70—2009[S].北京:中国建筑工业出版社,2009.

[111] 孙幸福.碱激发钢渣—矿渣基灌浆材料的制备与性能研究[D].重庆:重庆大学,2017.

[112] 李根峰.风积沙粉体混凝土耐久性能及服役寿命预测模型研究[D].呼和

浩特:内蒙古农业大学,2019.

[113] 王强,黎梦圆,石梦晓.水泥-钢渣-矿渣复合胶凝材料的水化特性[J].硅酸盐学报,2014,42(5):629-634.

[114] 王建新,李晶,赵仕宝,等.中国粉煤灰的资源化利用研究进展与前景[J].硅酸盐通报,2018,37(12):118-126.

[115] 梅军帅,吴静,王罗新,等.珊瑚砂浆的力学性能与微观结构特征[J].建筑材料学报,2020,23(2):263-270.

[116] ZHANG L,JI Y,HUANG G,et al. Modification and enhancement of mechanical properties of dehydrated cement paste using ground granulated blast-furnace slag[J]. Construction and building materials,2018,164:525-534.

[117] 巴明芳,许浩锋,朱杰兆,等.活性混合材对改性硫氧镁胶凝材料性能的影响[J].建筑材料学报,2020,23(4):763-770.

[118] 张书铭.高铁低钙硅酸盐水泥的水化特征及流变性能[D].武汉:武汉科技大学,2019.

[119] 英丕杰.花岗岩石粉/粉煤灰对混凝土性能影响的试验研究[D].泰安:山东农业大学,2013.

[120] WANG M N,HU Y P,JIANG C,et al. Mechanical characteristics of cement-based grouting material in high-geothermal tunnel[J]. Materials,2020,13(7):1572.

[121] WANG M,HU Y,WANG Q,et al. A study on strength characteristics of concrete under variable temperature curing conditions in ultra-high geothermal tunnels[J]. Construction and building materials,2019,229:116989.

[122] 关建适.煤炭灰渣的活性[J].硅酸盐学报,1980(4):425-429.

[123] 王志龙.未自燃煤矸石混凝土基本性能的研究[D].徐州:中国矿业大学,2014.

[124] 张德华,刘士海,任少强.隧道喷射混凝土强度增长规律及硬化速度对初期支护性能影响试验研究[J].岩土力学,2015,36(6):1707-1713.

[125] 李培涛.养护温度对喷射混凝土性能影响试验研究[D].焦作:河南理工大学,2018.

[126] 陈健中.用吸水动力学法测定混凝土的孔结构参数[J].混凝土及加筋混凝土,1989(6):9-14.

[127] A. E.谢依金.水泥混凝土的结构与性能[M].胡春芝,袁孝敏,高学善,

等，译. 北京：中国建筑工业出版社，1984：24-25.

[128] LI L G，LIN Z H，CHEN G M，et al. Reutilization of clay brick waste in mortar：paste replacement versus cement replacement[J]. Journal of materials in civil engineering，2019，31(7)：04019129.